머리말

합격을 향한 가장 확실한 길!

소방안전관리자 2급 자격 취득을 준비하는 수험생 여러분의 열정을 진심으로 응원합니다.

최근 소방 관계 법령의 개정과 안전 관리 기준 강화로 인해 시험 난이도는 점차 높아지고 있습니다. 이에 본 교재는 방대한 학습 부담을 줄이고, 효율적인 학습으로 합격에 도달할 수 있도록 한국소방안전원의 최신 개정 내용을 충실히 반영하여 기획되었습니다.

본 교재는 수험생 여러분의 합격을 위한 든든한 파트너가 될 수 다음과 같은 특징을 담았습니다.

❶ **시각적 이해를 돕는 풍부한 삽화와 도식**

　생소하고 어려운 소방 개념을 직관적으로 이해할 수 있도록 다양한 시각 자료를 구성하였습니다.

❷ **전략적 회독을 위한 중요 표시**

　출제 핵심 이론을 선별하여 표시해 학습 우선순위를 정하고, 빠른 회독이 가능하도록 했습니다.

❸ **[더 알아보기]로 보완하는 심화 학습**

　심화 내용과 실무 팁을 담아 고득점까지 대비할 수 있도록 했습니다.

❹ **단원별 '핵심점검'과 '출제예상문제'로 완성하는 실전 대비**

　이론 학습 후 바로 문제에 적용하며 이해도를 점검할 수 있도록 구성했습니다.

소방안전관리자는 타인의 생명과 재산을 보호하는 중요한 역할을 합니다. 본 교재가 여러분을 합격으로 이끄는 것은 물론, 실무에서도 유익한 길잡이가 되기를 바랍니다.

이 책을 펼친 여러분의 도전이 값진 결실로 이어지기를 응원합니다.
수험생 여러분의 합격을 기원합니다.

편저자 김연진

시험안내

❶ 소방안전관리자란?

소방안전관리자는 『화재의 예방 및 안전관리에 관한 법률』에 따라 다음의 업무를 수행한다.
- 피난계획에 관한 사항과 대통령령으로 정하는 사항이 포함된 소방계획서의 작성 및 시행
- 자위소방대 및 초기대응체계의 구성, 운영 및 교육
- 피난시설, 방화구획 및 방화시설의 관리
- 소방시설이나 그 밖의 소방 관련 시설의 관리
- 소방훈련 및 교육
- 화기 취급의 감독
- 소방안전관리에 관한 업무수행에 관한 기록·유지
- 화재 발생 시 초기대응
- 그 밖에 소방안전관리에 필요한 업무

❷ 응시자격

- 특급, 1급, 2급 또는 공공기관 소방안전관리대상물의 소방안전관리에 대한 강습교육을 수료한 사람
- 건축사 · 산업안전기사 · 산업안전산업기사 · 건축기사 · 건축산업기사 · 일반기계기사 · 전기기능장 · 전기기사 · 전기산업기사 · 전기공사기사 · 전기공사산업기사 · 건설안전기사 또는 건설안전산업기사 자격을 가진 사람
- 특급 또는 1급 소방안전관리대상물의 소방안전관리자 시험응시 자격이 인정되는 사람

※ 자세한 내용은 한국소방안전원(www.kfsi.or.kr) 홈페이지에서 확인 가능

❸ 응시원서 접수방법 등

(1) 접수방법

구분		시험 접수방법
강습교육 수료자 또는 재시험 접수 희망자		별도의 "응시자격심사" 절차 없이 시험접수 가능 (방문접수 또는 인터넷접수 가능)
학력, 경력, 자격 등의 응시자격으로 최초 시험접수 희망자	방문 접수	응시자격(증빙서류) 심사 후 시험접수 진행 ※ 단, 접수예정 또는 마감된 시험일정에는 접수할 수 없음
	인터넷 접수	① "응시자격심사" 신청(증빙서류 첨부) ② "응시자격심사" 승인 이후 시험접수 가능 (방문 또는 인터넷접수 가능)

※ 시험접수는 선착순 접수이므로 접수예정 또는 마감된 시험일정에는 접수할 수 없음

※ 방문접수는 토요일, 일요일, 공휴일 등을 제외한 근무일(09:00~18:00)만 가능

(2) 제출서류 및 응시수수료

기본 제출서류	① 시험응시원서　＊ 방문접수 시 신분증 지참 ② 증명사진(3.5cm×4.5cm) ③ 응시자격 서류심사 신청서 ④ 응시자격 증명서류 ※ ③, ④는 학력, 경력, 자격 등의 응시자격으로 최초 시험접수를 하는 경우에 한함
응시수수료	① 특급: 제1차 18,000원 / 제2차 24,000원 ② 1 · 2 · 3급: 12,000원

❹ 시험방법 및 시간

시험방법	배점	문항수	시간
객관식 (선택형, 4지 1선택)	1문제 4점	50문항 (과목별 25문항)	1시간 (60분)

❺ 시험과목

구분	1과목	2과목
2급	• 소방안전관리자 제도 • 소방관계법령(건축관계법령 포함) • 소방학개론 • 화기취급감독 및 화재위험작업 허가 · 관리 • 위험물 · 전기 · 가스 안전관리 • 피난시설, 방화구획 및 방화시설의 관리 • 소방시설의 종류 및 기준 • 소방시설(소화설비, 경보설비, 피난구조설비)의 구조	• 소방시설(소화설비, 경보설비, 피난구조설비)의 점검 · 실습 · 평가 • 소방계획 수립 이론 · 실습 · 평가(화재안전취약자의 피난계획 등 포함) • 자위소방대 및 초기대응체계 구성 등 이론 · 실습 · 평가 • 작동기능점검표 작성 실습 · 평가 • 응급처치 이론 · 실습 · 평가 • 소방안전 교육 및 훈련 이론 · 실습 · 평가 • 화재 시 초기대응 및 피난 실습 · 평가 • 업무수행기록의 작성 · 유지 실습 · 평가

❻ 합격자 결정 및 발표

합격자 결정	매 과목 100점을 만점으로 하여 매 과목 40점 이상, 전 과목 평균 70점 이상 득점한 사람
합격자 발표	시험을 종료한 날로부터 30일 이내에 인터넷 홈페이지 또는 시 · 도지부 게시판 등에서 확인 가능

구성과 특징

STEP ① 합격 핵심이론

시험의 기준이 되는 핵심만 정확하게 정리!

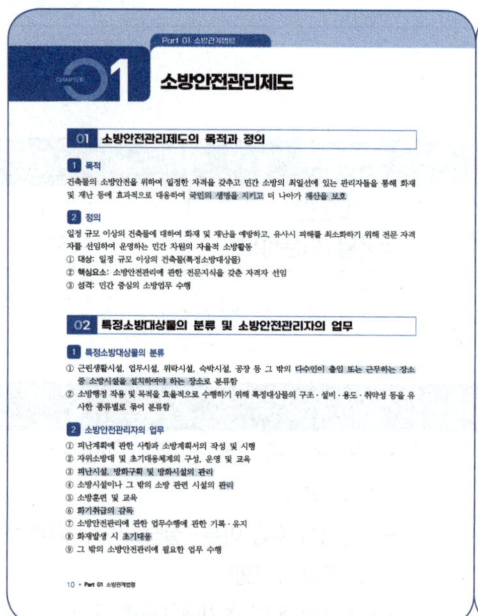

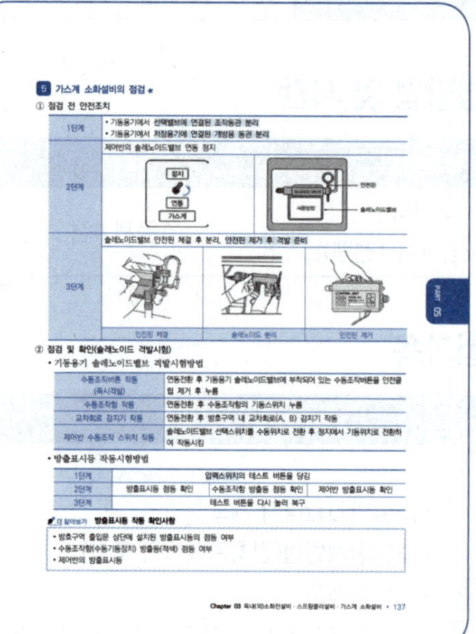

☑ 시험에 필요한 핵심 개념 정리

시험에 반드시 필요한 핵심 개념만 선별하여, 이론의 흐름과 구조를 이해할 수 있도록 체계적으로 정리하였습니다.

☑ 도식과 그림으로 쉬운 이해

가독성을 높인 도식화 구성과 풍부한 그림을 통해 복잡한 이론도 쉽고 직관적으로 이해할 수 있도록 하였습니다.

STEP **2** 단원별 핵심점검

시험 직전 반드시 확인해야 할 핵심 정리!

STEP **3** 단원별 출제예상문제

실전 대비를 위한 빈출 유형 중심의 문제 훈련!

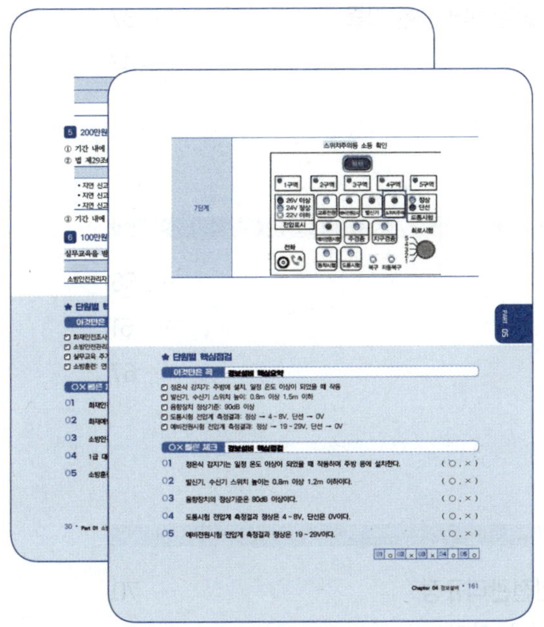

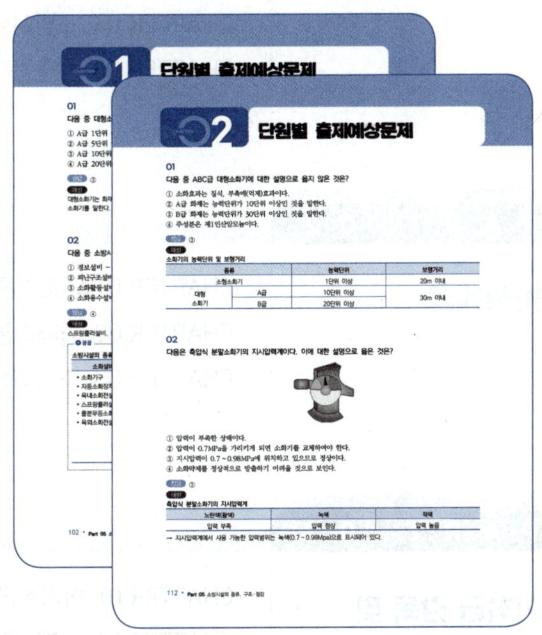

☑ 키워드 중심 핵심 정리

단원별 핵심 내용을 키워드 중심으로 압축 정리하여 빠르게 복습할 수 있도록 하였습니다.

☑ OX 퀴즈로 개념 체크

OX 퀴즈를 통해 핵심 개념을 빠르게 점검하고, 헷갈리는 내용을 다시 확인할 수 있도록 하였습니다.

☑ 출제 가능성 높은 문제 구성

출제 가능성이 높은 이론을 중심으로 단원별 예상 문제를 엄선하여 실전 대비가 가능하도록 하였습니다.

☑ 핵심 포인트 중심 해설

문제 해결에 필요한 핵심만 짚은 해설로, 정답의 근거를 명확하게 이해할 수 있도록 하였습니다.

차례

합격까지 **박문각**

01

소방관계법령

CHAPTER 01 소방안전관리제도

01 소방안전관리제도의 목적과 정의

1 목적

건축물의 소방안전을 위하여 일정한 자격을 갖추고 민간 소방의 최일선에 있는 관리자들을 통해 화재 및 재난 등에 효과적으로 대응하여 국민의 생명을 지키고 더 나아가 재산을 보호

2 정의

일정 규모 이상의 건축물에 대하여 화재 및 재난을 예방하고, 유사시 피해를 최소화하기 위해 전문 자격자를 선임하여 운영하는 민간 차원의 자율적 소방활동
① 대상: 일정 규모 이상의 건축물(특정소방대상물)
② 핵심요소: 소방안전관리에 관한 전문지식을 갖춘 자격자 선임
③ 성격: 민간 중심의 소방업무 수행

02 특정소방대상물의 분류 및 소방안전관리자의 업무

1 특정소방대상물의 분류

① 근린생활시설, 업무시설, 위락시설, 숙박시설, 공장 등 그 밖의 다수인이 출입 또는 근무하는 장소 중 소방시설을 설치하여야 하는 장소로 분류함
② 소방행정 작용 및 목적을 효율적으로 수행하기 위해 특정대상물의 구조·설비·용도·취약성 등을 유사한 종류별로 묶어 분류함

2 소방안전관리자의 업무

① 피난계획에 관한 사항과 소방계획서의 작성 및 시행
② 자위소방대 및 초기대응체계의 구성, 운영 및 교육
③ 피난시설, 방화구획 및 방화시설의 관리
④ 소방시설이나 그 밖의 소방 관련 시설의 관리
⑤ 소방훈련 및 교육
⑥ 화기취급의 감독
⑦ 소방안전관리에 관한 업무수행에 관한 기록·유지
⑧ 화재발생 시 초기대응
⑨ 그 밖의 소방안전관리에 필요한 업무 수행

① 현장실무능력을 배양하고 새로운 소방기술 정보 등을 습득하기 위해 실무교육을 받아야 함
② 실무교육을 받지 아니한 자
 • 소방안전관리자 자격의 정지 및 취소 가능
 • 실무교육을 받지 아니한 소방안전관리자 및 보조자에게는 50만원의 과태료 부과

★ 단원별 핵심점검

이것만은 꼭 　**소방안전관리제도 핵심요약**

☑ 소방안전관리제도의 목적: 국민의 생명을 지키고 재산을 보호
☑ 특정소방대상물: 소방시설 설치 필수 장소(구조 · 설비 · 용도 · 취약성별 분류)
☑ 소방안전관리자 업무: 소방계획서 작성, 자위소방대 운영, 피난시설 관리, 소방훈련, 화기취급 감독, 업무기록, 초기대응
☑ 실무교육 미이수: 자격정지/취소 또는 과태료 50만원

○× 빠른 체크 　**소방안전관리제도 핵심점검**

01　소방안전관리자는 공공 소방 조직의 일원으로서 국가 소방 사무를 대행한다.　(○ , ×)

02　특정소방대상물은 소방서장이 임의로 지정한다.　(○ , ×)

03　소방안전관리자의 업무에는 '화기 취급의 감독'이 포함된다.　(○ , ×)

04　실무교육 미이수 시 최대 200만원의 과태료가 부과된다.　(○ , ×)

01	×	02	×	03	○	04	×

CHAPTER 01 단원별 출제예상문제

01

다음 빈칸에 들어갈 용어로 알맞게 짝지어진 것은?

> 소방안전관리제도는 건축물의 소방안전을 위하여 일정한 자격을 갖추고 민간 소방의 최일선에 있는 관리자들을 통해 화재 및 재난 등에 효과적으로 대응하여 국민의 ☐(가)☐ 을 지키고 더 나아가 ☐(나)☐ 을 보호하는 데 의의가 있다.

① (가): 생명, (나): 재산 ② (가): 재산, (나): 인권
③ (가): 생명, (나): 권익 ④ (가): 환경, (나): 안전

 정답 ①

해설

소방안전관리제도의 의의 및 목적

건축물의 소방안전을 위하여 일정한 자격을 갖추고 민간 소방의 최일선에 있는 관리자들을 통해 화재 및 재난 등에 효과적으로 대응하여 국민의 생명을 지키고 더 나아가 재산을 보호하는 데 의의가 있다.

02

소방기본법 및 관련 법령상 소방안전관리자가 수행해야 하는 업무로 옳지 않은 것은?

① 화기취급의 감독
② 화재발생 시 초기대응
③ 소방시설이나 그 밖의 소방 관련 시설의 관리
④ 건축물의 증축 및 개축에 관한 설계 도서 작성

 정답 ④

해설

소방안전관리자의 업무
- 피난계획에 관한 사항과 소방계획서의 작성 및 시행
- 자위소방대 및 초기대응체계의 구성, 운영 및 교육
- 피난시설, 방화구획 및 방화시설의 관리
- 소방시설이나 그 밖의 소방 관련 시설의 관리
- 소방훈련 및 교육
- 화기취급의 감독
- 소방안전관리에 관한 업무수행에 관한 기록·유지
- 화재발생 시 초기대응
- 그 밖의 소방안전관리에 필요한 업무 수행

03

소방안전관리자 및 소방안전관리보조자의 실무교육에 관한 설명으로 가장 옳지 않은 것은?

① 실무교육은 현장실무능력을 배양하고 새로운 소방기술 정보를 습득하기 위해 실시한다.
② 실무교육 대상자는 정해진 기간 내에 반드시 교육에 참석해야 한다.
③ 실무교육을 받지 아니한 소방안전관리자에게는 자격정지 및 취소처분이 내려질 수 있다.
④ 실무교육 미이수자에 대한 과태료는 횟수에 상관없이 최대 300만원이 부과된다.

정답 ④

해설

실무교육을 받지 아니한 소방안전관리자 및 보조자에게는 50만원의 과태료를 부과한다.

04

다음 중 특정소방대상물에 대한 설명으로 가장 옳지 않은 것은?

① 근린생활시설, 업무시설, 숙박시설 등 다수인이 출입하는 장소를 포함한다.
② 특정소방대상물은 반드시 소방시설을 설치하여야 하는 장소로 분류된다.
③ 특정소방대상물은 소방서장이 개인적인 판단에 따라 임의로 지정한다.
④ 소방행정 작용을 효율적으로 수행하기 위해 유사한 종류별로 묶어 분류한다.

정답 ③

해설

특정소방대상물은 소방행정의 목적을 달성하기 위해 구조·설비·용도·취약성 등을 고려하여 법령에 따라 분류되는 것이지 소방서장의 임의적인 판단으로 지정되는 것이 아니다.

05

다음 중 소방안전관리자 실무교육을 받지 아니한 자에 대한 행정처분 및 벌칙사항으로 옳은 것을 모두 고른 것은?

㉠ 소방안전관리자 자격정지	㉡ 소방안전관리자 자격취소
㉢ 50만원의 과태료	㉣ 300만원 이하의 벌금

① ㉠, ㉢
② ㉡, ㉣
③ ㉠, ㉡, ㉢
④ ㉠, ㉡, ㉣

정답 ③

해설

소방안전관리자 실무교육을 받지 아니한 자
• 소방안전관리자 자격의 정지 및 취소
• 실무교육을 받지 아니한 소방안전관리자 및 보조자에게는 50만원의 과태료 부과

CHAPTER 02

소방기본법

01 목적 및 용어의 정의

1 목적

① 화재를 예방·경계하거나 진압
② 화재, 재난·재해, 그 밖의 위급한 상황에서의 구조·구급활동
③ 국민의 생명·신체 및 재산 보호
④ 공공의 안녕 및 질서유지와 복리증진에 이바지 ★

2 용어의 정의 ★★

소방대상물	건축물, 차량, 선박(항구에 매어둔 선박만 해당), 선박 건조 구조물, 산림 그 밖의 인공 구조물 또는 물건
관계인	소방대상물의 소유자, 관리자 또는 점유자
소방대	• 소방공무원 • 의무소방원 • 의용소방대원
소방대장	소방본부장 또는 소방서장 등 화재, 재난·재해, 그 밖의 위급한 상황이 발생한 현장에서 소방대를 지휘하는 사람

02 한국소방안전원

설립목적	• 소방기술과 안전관리기술의 향상 및 홍보 • 교육·훈련 등 행정기관이 위탁하는 업무의 수행 • 소방관계 종사자의 기술 향상
안전원의 업무	• 소방기술과 안전관리에 관한 교육 및 조사·연구 • 소방기술과 안전관리에 관한 각종 간행물 발간 • 화재예방과 안전관리의식 고취를 위한 대국민 홍보 • 소방업무에 관하여 행정기관이 위탁하는 업무 • 소방안전에 관한 국제협력 • 그 밖에 회원에 대한 기술지원 등 정관으로 정하는 사항
회원의 자격	• 법령에 따라 등록을 하거나 허가를 받은 사람으로서 회원이 되려는 사람 • 소방안전관리자, 소방기술자 또는 위험물안전관리자로 선임되거나 채용된 사람으로서 회원이 되려는 사람 • 그 밖에 소방 분야에 관심이 있거나 소방에 관한 학식과 경험이 풍부한 사람으로서 회원이 되려는 사람

<table>
<tr><td rowspan="7">회원서비스
내용</td><td>• 법정실무교육비 면제(교재 포함)</td></tr>
<tr><td>• 회원 재해위로금 지급</td></tr>
<tr><td>• 전자도서관 이용(전자대출)</td></tr>
<tr><td>• 인터넷을 이용한 정보제공(소방 관련 서식 등)</td></tr>
<tr><td>• 제휴업체 서비스 이용 할인(의료기관, 문화 · 여행, 상조서비스 등)</td></tr>
<tr><td>• 회원 자녀 및 본인 소방안전장학금 선별 지급</td></tr>
<tr><td>• 웹진 「소방안전플러스」 소방안전정보 제공</td></tr>
</table>

03 벌칙

1 5년 이하의 징역 또는 5천만원 이하의 벌금

① 다음의 어느 하나에 해당하는 행위를 한 사람
- 위력을 사용하여 출동한 소방대의 화재진압 · 인명구조 또는 구급활동을 방해하는 행위
- 소방대가 화재진압 · 인명구조 또는 구급활동을 위하여 현장에 출동하거나 현장에 출입하는 것을 고의로 방해하는 행위
- 출동한 소방대원에게 폭행 또는 협박을 행사하여 화재진압 · 인명구조 또는 구급활동을 방해하는 행위
- 출동한 소방대의 소방장비를 파손하거나 그 효용을 해하여 화재진압 · 인명구조 또는 구급활동을 방해하는 행위

② 소방자동차의 출동을 방해한 사람
③ 사람을 구출하는 일 또는 불을 끄거나 불이 번지지 아니하도록 하는 일을 방해한 사람
④ 정당한 사유 없이 소방용수시설 또는 비상소화장치를 사용하거나 소방용수시설 또는 비상소화장치의 효용을 해치거나 그 정당한 사용을 방해한 사람

2 3년 이하의 징역 또는 3천만원 이하의 벌금

화재가 발생하거나 불이 번질 우려가 있는 소방대상물 및 토지를 일시적으로 사용하거나 그 사용의 제한 또는 소방활동에 필요한 처분을 방해한 자 또는 정당한 사유 없이 그 처분에 따르지 아니한 자

3 100만원 이하의 벌금

① 정당한 사유 없이 소방대의 생활안전활동을 방해한 자
② 정당한 사유 없이 소방대가 현장에 도착할 때까지 사람을 구출하는 조치 또는 불을 끄거나 불이 번지지 아니하도록 하는 조치를 하지 아니한 소방대상물 관계인
③ 피난 명령을 위반한 자
④ 정당한 사유 없이 물의 사용이나 수도의 개폐장치의 사용 또는 조작을 하지 못하게 하거나 방해한 자
⑤ 소방기본법 제27조 제2항에 따른 조치를 정당한 사유 없이 방해한 자

4 과태료

500만원 이하의 과태료	화재 또는 구조·구급이 필요한 상황을 거짓으로 알린 사람
200만원 이하의 과태료	• 소방자동차의 출동에 지장을 준 자 • 소방활동구역을 출입한 사람 • 한국소방안전원 또는 이와 유사한 명칭을 사용한 자
100만원 이하의 과태료	소방자동차 전용구역에 차를 주차하거나 전용구역에의 진입을 가로막는 등의 방해행위를 한 자
20만원 이하의 과태료	다음의 지역 또는 장소에서 화재로 오인할 만한 우려가 있는 불을 피우거나 연막소독을 실시하고자 하는 자가 신고를 하지 아니하여 소방자동차를 출동하게 한 자 • 시장지역 • 공장·창고가 밀집한 지역 • 목조건물이 밀집한 지역 • 위험물의 저장 및 처리시설이 밀집한 지역 • 석유화학제품을 생산하는 공장이 있는 지역 • 그 밖에 시·도의 조례로 정하는 지역 또는 장소

★ 단원별 핵심점검

이것만은 꼭　소방기본법 핵심요약

- ☑ 소방기본법의 궁극적 목적: 공공의 안녕 + 질서유지 + 복리증진
- ☑ 소방대상물 중 선박: 항구에 매어둔 선박만 해당
- ☑ 관계인: 소유자, 관리자, 점유자
- ☑ 소방대: 소방공무원, 의무소방원, 의용소방대원

○✕ 빠른 체크　소방기본법 핵심점검

01 소방기본법의 궁극적 목적은 '화재의 예방 및 진압'이다. （ ○ , ✕ ）

02 항해 중인 선박도 소방대상물에 해당한다. （ ○ , ✕ ）

03 소방대상물의 설계자도 관계인에 포함된다. （ ○ , ✕ ）

04 의용소방대원은 소방대에 포함된다. （ ○ , ✕ ）

05 한국소방안전원의 업무에는 '소방안전에 관한 국제협력'이 포함된다. （ ○ , ✕ ）

01	✕	02	✕	03	✕	04	○	05	○

단원별 출제예상문제

01
소방기본법의 궁극적인 목적으로 가장 옳은 것은?

① 화재의 예방 및 안전관리에 관한 기술의 보급
② 공공의 안녕 및 질서유지와 복리증진에 이바지
③ 소방시설의 효율적 설치 및 유지관리
④ 특정소방대상물의 화재안전조사 및 경계

정답 ②

해설
소방기본법은 화재 예방·진압 및 구조·구급활동을 통해 국민의 생명·신체 및 재산을 보호함으로써 최종적으로 공공의 안녕 및 질서 유지와 복리증진에 이바지함을 목적으로 한다.

02
소방기본법상 '관계인'에 해당하지 않는 사람은?

① 소방대상물의 소유자　　　　② 소방대상물의 점유자
③ 소방대상물의 관리자　　　　④ 소방대상물의 설계자

정답 ④

해설
관계인
• 소방대상물의 소유자
• 소방대상물의 관리자
• 소방대상물의 점유자

03
소방기본법상 '소방대'의 구성원에 해당하지 않는 사람은?

① 소방공무원　　　　　　　　② 의무소방원
③ 의용소방대원　　　　　　　④ 소방안전관리자

정답 ④

해설
소방대
• 소방공무원
• 의무소방원
• 의용소방대원

04

다음 빈칸에 들어갈 내용으로 알맞게 짝지어진 것은?

> 한국소방안전원의 회원은 소방안전관리자, [　(가)　] 또는 [　(나)　](으)로 선임되거나 채용된 사람으로서 회원이 되려는 사람을 그 대상으로 한다.

	(가)	(나)
①	소방시설설계자	소방공무원
②	소방기술자	위험물안전관리자
③	의용소방대원	관리사
④	위험물운송자	위험물운반자

 **정답** ②

해설

한국소방안전원의 회원은 소방안전관리자, 소방기술자 또는 위험물안전관리자로 선임되거나 채용된 사람으로서 회원이 되려는 사람을 대상으로 한다.

05

소방기본법상의 소방대상물에 해당하지 않는 것은?

① 차량 　　② 산림
③ 건축물 　　④ 항해 중인 선박

정답 ④

해설

소방대상물
건축물, 차량, 선박(항구에 매어둔 선박만 해당), 선박 건조 구조물, 산림 그 밖의 인공 구조물 또는 물건

06

한국소방안전원의 업무로 보기 어려운 것은?

① 소방업무에 관하여 행정기관이 위탁하는 업무
② 소방기술과 안전관리에 관한 각종 간행물 발간
③ 소방기술과 안전관리에 관한 교육 및 조사 · 연구
④ 소방용 기계 및 기구에 대한 검정기술의 조사 · 연구

정답 ④

해설

한국소방안전원의 업무
• 소방기술과 안전관리에 관한 교육 및 조사 · 연구
• 소방기술과 안전관리에 관한 각종 간행물 발간
• 화재예방과 안전관리의식 고취를 위한 대국민 홍보
• 소방업무에 관하여 행정기관이 위탁하는 업무
• 소방안전에 관한 국제협력
• 그 밖에 회원에 대한 기술지원 등 정관으로 정하는 사항

07

시장지역에서 화재로 오인할 만한 우려가 있는 불을 피우거나 연막소독을 실시하고자 하는 자가 신고를 하지 아니하여 소방자동차를 출동하게 한 경우의 벌칙으로 옳은 것은?

① 20만원 이하의 과태료
② 50만원 이하의 과태료
③ 100만원 이하의 과태료
④ 200만원 이하의 과태료

정답 ①

해설

시장지역에서 화재로 오인할 만한 우려가 있는 불을 피우거나 연막소독을 실시하고자 하는 자가 신고를 하지 아니하여 소방자동차를 출동하게 한 경우에는 20만원 이하의 과태료에 처한다.

08

소방기본법상 5년 이하의 징역 또는 5천만원 이하의 벌금으로 옳지 않은 것은?

① 소방자동차의 출동을 방해한 사람
② 화재가 발생하거나 불이 번질 우려가 있는 소방대상물의 강제처분을 방해한 자
③ 위력을 사용하여 출동한 소방대의 화재진압·인명구조 또는 구급활동을 방해하는 행위를 한 사람
④ 소방대원에게 폭행 또는 협박을 행사하여 화재진압·인명구조 또는 구급활동을 방해하는 행위를 한 사람

정답 ②

해설

화재가 발생하거나 불이 번질 우려가 있는 소방대상물 및 토지를 일시적으로 사용하거나 그 사용의 제한 또는 소방활동에 필요한 처분에 따르지 아니한 자에게는 3년 이하의 징역 또는 3천만원 이하의 벌금이 부과된다.

09

다음 중 100만원 이하의 벌금에 처해지는 자는?

① 정당한 사유 없이 소방용수시설 또는 비상소화장치를 사용한 사람
② 화재 또는 구조·구급이 필요한 상황을 거짓으로 알린 사람
③ 소방자동차의 출동에 지장을 준 자
④ 정당한 사유 없이 소방대가 현장에 도착할 때까지 사람을 구출하는 조치를 하지 않은 소방대상물 관계인

정답 ④

해설

- 정당한 사유 없이 소방용수시설 또는 비상소화장치를 사용하거나 소방용수시설 또는 비상소화장치의 효용을 해치거나 그 정당한 사용을 방해한 사람: 5년 이하의 징역 또는 5천만원 이하의 벌금
- 화재 또는 구조·구급이 필요한 상황을 거짓으로 알린 사람: 500만원 이하의 과태료
- 소방자동차의 출동에 지장을 준 자: 200만원 이하의 과태료

CHAPTER 03 화재의 예방 및 안전관리에 관한 법률 ★★

01 총칙

1 목적

① 화재로부터 국민의 생명·신체 및 재산 보호
② 공공의 안전과 복리증진에 이바지

📝 더 알아보기 **소방관계 3법의 목적 비교표**

법률명	목적 핵심 키워드
소방기본법	화재 예방·경계·진압, 구조·구급, 생명·신체·재산 보호, 공공의 안녕·질서유지·복리증진
화재예방법	화재로부터 생명·신체·재산 보호, 공공의 안전과 복리증진
소방시설법	국민의 생명·신체·재산 보호, 공공의 안전과 복리증진

2 용어의 정의

예방	화재의 위험으로부터 사람의 생명·신체 및 재산을 보호하기 위하여 화재발생을 사전에 제거하거나 방지하기 위한 모든 활동
화재안전조사	소방청장, 소방본부장 또는 소방서장(이하 '소방관서장')이 소방대상물, 관계지역 또는 관계인에 대해 소방시설등이 소방관계법령에 적합하게 설치·관리되고 있는지, 소방대상물에 화재발생 위험이 있는지 등을 확인하기 위하여 실시하는 현장조사·문서열람·보고요구 등을 하는 활동
화재예방안전진단	화재가 발생할 경우 사회·경제적으로 피해 규모가 클 것으로 예상되는 소방대상물에 대하여 화재위험요인을 조사하고 그 위험성을 평가하여 개선대책을 수립하는 것
화재예방강화지구	시·도지사가 화재발생 우려가 크거나 화재가 발생할 경우 피해가 클 것으로 예상되는 지역에 대해 화재의 예방 및 안전관리를 강화하기 위해 지정·관리하는 지역

02 화재안전조사

1 화재안전조사를 실시할 수 있는 경우

① 소방시설등의 자체점검이 불성실하거나 불완전하다고 인정되는 경우
② 화재예방강화지구 등 법령에서 화재안전조사를 하도록 규정되어 있는 경우
③ 화재예방안전진단이 불성실하거나 불완전하다고 인정되는 경우

④ 국가적 행사 등 주요 행사가 개최되는 장소 및 그 주변의 관계 지역에 대하여 소방안전관리 실태를 조사할 필요가 있는 경우

⑤ 화재가 자주 발생하였거나 발생할 우려가 뚜렷한 곳에 대한 조사가 필요한 경우

⑥ 재난예측정보, 기상예보 등을 분석한 결과 소방대상물에 화재발생 위험이 크다고 판단되는 경우

⑦ 위에서 규정한 경우 외에 화재, 그 밖의 긴급한 상황이 발생할 경우 인명 또는 재산 피해의 우려가 현저하다고 판단되는 경우

2 화재안전조사 항목

① 화재의 예방조치 등에 관한 사항

② 소방안전관리 업무 수행에 관한 사항

③ 피난계획의 수립 및 시행에 관한 사항

④ 소화·통보·피난 등의 훈련 및 소방안전관리에 필요한 교육에 관한 사항

⑤ 소방자동차 전용구역의 설치에 관한 사항

⑥ 소방시설공사업법에 따른 시공, 감리 및 감리원의 배치에 관한 사항

⑦ 소방시설의 설치 및 관리에 관한 사항

⑧ 건설현장 임시소방시설의 설치 및 관리에 관한 사항

⑨ 피난시설, 방화구획 및 방화시설의 관리에 관한 사항

⑩ 방염에 관한 사항

⑪ 소방시설등의 자체점검에 관한 사항

⑫ 다중이용업소의 안전관리에 관한 특별법, 위험물안전관리법, 초고층 및 지하연계 복합건축물 재난관리에 관한 특별법의 안전관리에 관한 사항

⑬ 그 밖에 소방대상물에 화재의 발생 위험이 있는지 등을 확인하기 위해 소방관서장이 화재안전조사가 필요하다고 인정하는 사항

3 화재안전조사의 방법 및 절차

① 방법 ★

종합조사	부분조사
화재안전조사 항목 전부를 확인하는 조사	화재안전조사 항목 중 일부를 확인하는 조사

② 절차 ★

- 소방관서장은 사전에 관계인에게 조사대상, 조사기간 및 조사사유 등 조사계획을 우편, 전화, 전자메일 또는 문자전송 등을 통해 통지하고 소방관서의 인터넷 홈페이지나 전산시스템을 통해 7일 이상 공개해야 함

- 소방관서장은 사전통지 없이 화재안전조사를 실시하는 경우에는 화재안전조사를 실시하기 전에 관계인에게 조사사유 및 조사범위 등을 현장에서 설명해야 함

- 소방관서장은 화재안전조사를 위하여 소속 공무원으로 하여금 관계인에게 보고 또는 자료의 제출을 요구하거나 소방대상물의 위치·구조·설비 또는 관리 상황에 대한 조사·질문을 하게 할 수 있음

명령권자	소방관서장(소방청장 · 소방본부장 · 소방서장)	
명령사항	• 소방대상물의 개수 · 이전 · 제거 • 사용폐쇄	• 사용의 금지 또는 제한 • 공사의 정지 또는 중지

03 화재예방조치 등

1 화재예방강화지구의 지정 ★

지정권자	시 · 도지사
지정지역	• 시장지역 • 공장 · 창고, 목조건물, 노후 · 불량건축물이 밀집한 지역 • 위험물의 저장 및 처리시설이 밀집한 지역 • 석유화학제품을 생산하는 공장이 있는 지역 • 산업입지 및 개발에 관한 법률에 따른 산업단지 • 소방시설 · 소방용수시설 또는 소방출동로가 없는 지역 • 물류시설의 개발 및 운영에 관한 법률에 따른 물류단지 • 그 밖에 소방관서장이 화재예방강화지구로 지정할 필요가 있다고 인정하는 지역

2 화재예방조치 등

① 누구든지 화재예방강화지구 및 이에 준하는 대통령령으로 정하는 장소에서는 다음의 행위 금지
- 모닥불, 흡연 등 화기의 취급
- 풍등 등 소형열기구 날리기
- 용접 · 용단 등 불꽃을 발생시키는 행위
- 대통령령으로 정하는 화재발생 위험이 있는 행위(위험물을 방치하는 행위)

② 소방관서장은 화재발생 위험이 크거나 소화활동에 지장을 줄 수 있다고 인정되는 행위나 물건에 대하여 행위 당사자나 그 물건의 관계인에게 다음의 명령을 할 수 있음
- ①의 어느 하나에 해당하는 행위의 금지 또는 제한
- 목재, 플라스틱 등 가연성이 큰 물건의 제거, 이격, 적재 금지 등
- 소방차량의 통행이나 소화활동에 지장을 줄 수 있는 물건의 이동

③ 다만, 해당 물건의 소유자 등을 알 수 없는 경우 소속 공무원으로 하여금 그 물건을 옮기거나 보관하는 등 필요한 조치를 하게 할 수 있음

> 🖊 더 알아보기 **옮긴 물건 등의 보관**
>
> 소방관서장은 옮긴 물건 등을 보관하는 경우에는 그날부터 14일 동안 해당 소방관서의 인터넷 홈페이지에 그 사실을 공고해야 하며, 보관기간은 공고기간의 종료일 다음 날부터 7일까지로 함

1 특정소방대상물의 소방안전관리

① 소방안전관리대상물의 관계인은 소방안전관리업무를 수행하기 위하여 소방안전관리자 자격증을 발급받은 사람을 소방안전관리자로 선임하여야 함

② 전기·가스·위험물 등의 안전관리자는 소방안전관리업무 전담 대상물(특급 및 1급 소방안전관리대상물)의 소방안전관리자를 겸할 수 없음(다른 법령에 규정 있는 경우 예외)

③ 소방안전관리대상물의 관계인은 소방안전관리업무를 대행하는 관리업자로 하여금 업무를 대행하게 할 수 있으며, 이때 감독할 수 있는 사람을 지정하여 소방안전관리자로 선임할 수 있음 → 이 경우 소방안전관리자로 선임된 자는 선임된 날부터 3개월 이내에 강습교육을 받아야 함

2 소방안전관리자(보조)를 두어야 하는 선임대상물, 선임자격 및 선임인원 ★★

① 특급 소방안전관리대상물

선임대상물	㉠ 50층 이상(지하층은 제외)이거나 지상으로부터 높이가 200m 이상인 아파트 ㉡ 30층 이상(지하층을 포함)이거나 지상으로부터 높이가 120m 이상인 특정소방대상물(아파트는 제외) ㉢ ㉡에 해당하지 않는 연면적이 100,000m² 이상인 특정소방대상물(아파트는 제외)
선임자격	다음의 어느 하나에 해당하는 사람으로서 특급 소방안전관리자 자격증을 발급받은 사람 ㉠ 소방기술사 또는 소방시설관리사의 자격이 있는 사람 ㉡ 소방설비기사의 자격을 취득한 후 5년 이상 1급 소방안전관리대상물의 소방안전관리자로 근무한 실무경력(법 제24조 제3항에 따라 소방안전관리자로 선임되어 근무한 경력은 제외)이 있는 사람 ㉢ 소방설비산업기사의 자격을 취득한 후 7년 이상 1급 소방안전관리대상물의 소방안전관리자로 근무한 실무경력이 있는 사람 ㉣ 소방공무원으로 20년 이상 근무한 경력이 있는 사람 ㉤ 소방청장이 실시하는 특급 소방안전관리대상물의 소방안전관리에 관한 시험에 합격한 사람
선임인원	1명 이상

② 1급 소방안전관리대상물 ★★

선임대상물	특정소방대상물 중 특급 소방안전관리대상물을 제외하고 다음의 어느 하나에 해당하는 것 ㉠ 30층 이상(지하층 제외)이거나 지상으로부터 높이가 120m 이상인 아파트 ㉡ 연면적 15,000m² 이상인 특정소방대상물(아파트 및 연립주택은 제외) ㉢ ㉡에 해당하지 않는 특정소방대상물로서 지상층의 층수가 11층 이상인 특정소방대상물(아파트는 제외) ㉣ 가연성 가스를 1,000톤 이상 저장·취급하는 시설
선임자격	다음의 어느 하나에 해당하는 사람으로서 1급 소방안전관리자 자격증을 발급받은 사람 또는 특급 소방안전관리대상물의 소방안전관리자 자격증을 발급받은 사람 ㉠ 소방설비기사 또는 소방설비산업기사의 자격이 있는 사람 ㉡ 소방공무원으로 7년 이상 근무한 경력이 있는 사람 ㉢ 소방청장이 실시하는 1급 소방안전관리대상물의 소방안전관리에 관한 시험에 합격한 사람
선임인원	1명 이상

③ 2급 소방안전관리대상물

선임대상물	특정소방대상물 중 특급 및 1급 소방안전관리대상물을 제외한 다음의 어느 하나에 해당하는 것 ㉠ 옥내소화전설비, 스프링클러설비, 물분무등소화설비(호스릴 방식의 물분무등소화설비만을 설치할 수 있는 경우 제외)를 설치해야 하는 특정소방대상물 ㉡ 가스 제조설비를 갖추고 도시가스사업의 허가를 받아야 하는 시설 또는 가연성 가스를 100톤 이상 1,000톤 미만 저장·취급하는 시설 ㉢ 지하구 ㉣ 공동주택(옥내소화전설비 또는 스프링클러설비가 설치된 공동주택으로 한정) ㉤ 보물 또는 국보로 지정된 목조건축물
선임자격	다음의 어느 하나에 해당하는 사람으로서 2급 소방안전관리자 자격증을 발급받은 사람 또는 특급 또는 1급 소방안전관리대상물의 소방안전관리자 자격증을 발급받은 사람 ㉠ 위험물기능장·위험물산업기사 또는 위험물기능사 자격이 있는 사람 ㉡ 소방공무원으로 3년 이상 근무한 경력이 있는 사람 ㉢ 소방청장이 실시하는 2급 소방안전관리대상물의 소방안전관리에 관한 시험에 합격한 사람 ㉣ 소방안전관리자로 선임된 사람(소방안전관리자로 선임된 기간으로 한정)
선임인원	1명 이상

④ 3급 소방안전관리대상물

선임대상물	특급, 1급, 2급 소방안전관리대상물을 제외한 특정소방대상물 중 간이스프링클러설비(주택전용 간이스프링클러설비는 제외) 또는 자동화재탐지설비를 설치해야 하는 특정소방대상물
선임자격	다음의 어느 하나에 해당하는 사람으로서 3급 소방안전관리자 자격증을 발급받은 사람 또는 특급, 1급, 2급 소방안전관리대상물의 소방안전관리자 자격증을 발급받은 사람 ㉠ 소방공무원으로 1년 이상 근무한 경력이 있는 사람 ㉡ 소방청장이 실시하는 3급 소방안전관리대상물의 소방안전관리에 관한 시험에 합격한 사람 ㉢ 소방안전관리자로 선임된 사람(소방안전관리자로 선임된 기간으로 한정)
선임인원	1명 이상

⑤ 소방안전관리보조자 선임대상물 ★

선임대상물	㉠ 아파트 중 300세대 이상인 아파트 ㉡ 연면적이 15,000m² 이상인 특정소방대상물(아파트 및 연립주택은 제외) ㉢ ㉠ 및 ㉡에 따른 특정소방대상물을 제외한 특정소방대상물 중 다음의 어느 하나에 해당하는 특정소방대상물 • 공동주택 중 기숙사 • 의료시설 • 노유자시설 • 수련시설 • 숙박시설(숙박시설로 사용되는 바닥면적의 합계가 1,500m² 미만이고 관계인이 24시간 상시 근무하고 있는 숙박시설은 제외)

| 선임인원 | • ㉠의 경우: 1명 → 초과되는 **300세대마다** 1명 이상을 추가로 선임
• ㉡의 경우: 1명 → 초과되는 연면적 **15,000m²**(특정소방대상물의 방재실에 자위소방대가 24시간 상시 근무하고 소방장비관리법 시행령에 따른 소방자동차 중 소방펌프차, 소방물탱크차, 소방화학차 또는 무인방수차를 운용하는 경우에는 30,000m²)**마다** 1명 이상을 추가로 선임
• ㉢의 경우: 1명 → 해당 특정소방대상물이 소재하는 지역을 관할하는 소방서장이 야간이나 휴일에 해당 특정소방대상물이 이용되지 않는다는 것을 확인한 경우에는 소방안전관리보조자를 선임하지 않을 수 있음 |

3 소방안전관리(보조)자의 선임신고 ★★

① 선임

소방안전관리대상물의 관계인은 다음의 구분에 따라 소방안전관리(보조)자를 **30일 이내**에 선임해야 함

신축 · 증축 · 개축 · 재축 · 대수선 또는 용도변경으로 해당 특정소방대상물의 소방안전관리(보조)자를 신규로 선임해야 하는 경우	해당 특정소방대상물의 사용승인일
증축 또는 용도변경으로 인하여 특정소방대상물이 소방안전관리대상물로 된 경우 또는 특정소방대상물의 소방안전관리 등급이 변경된 경우	증축공사의 사용승인일 또는 용도변경 사실을 건축물관리대장에 기재한 날
특정소방대상물을 양수하거나 경매 · 환가 · 압류재산의 매각 그 밖에 이에 준하는 절차에 의하여 관계인의 권리를 취득한 경우	해당 권리를 취득한 날 또는 관할 소방서장으로부터 소방안전관리(보조)자 선임 안내를 받은 날
관리의 권원이 분리된 특정소방대상물의 경우	관리의 권원이 분리되거나 소방본부장 또는 소방서장이 관리의 권원을 조정한 날
소방안전관리(보조)자가 해임, 퇴직 등으로 업무가 종료된 경우	소방안전관리(보조)자를 해임한 날, 퇴직한 날 등 근무를 종료한 날
소방안전관리업무를 대행하는 자를 감독할 수 있는 사람을 소방안전관리자로 선임한 경우로서 그 업무대행 계약이 해지 또는 종료된 경우	소방안전관리업무 대행이 끝난 날
소방안전관리자 자격이 정지 또는 취소된 경우	소방안전관리자 자격이 정지 또는 취소된 날

② 선임신고 등

• 소방안전관리대상물의 관계인이 소방안전관리자 또는 소방안전관리보조자를 선임한 경우에는 행정안전부령으로 정하는 바에 따라 선임한 날부터 **14일 이내**에 소방본부장 또는 소방서장에게 신고하여야 함
• 소방안전관리대상물의 출입자가 쉽게 알 수 있도록 소방안전관리자의 성명과 그 밖에 행정안전부령으로 정하는 사항을 게시하여야 함

③ 선임연기 ★

대상	2급, 3급 및 소방안전관리보조자를 선임해야 하는 소방안전관리대상물의 관계인
사유	소방안전관리자 강습교육이나 자격시험이 소방안전관리자 선임기간 내에 있지 않아 선임할 수 없는 경우
절차	해당 관계인은 선임연기신청서를 소방본부장 또는 소방서장에게 제출해야 하며, 소방본부장 또는 소방서장은 종합정보망에서 강습교육의 접수 또는 시험응시 여부를 확인해야 함
소방안전관리자 선임연기기간 중 소방안전관리업무 수행자	소방안전관리대상물의 관계인
연기일 통보	소방본부장 또는 소방서장은 선임연기신청서를 제출받은 경우 3일 이내에 소방안전관리(보조)자 선임기간을 정하여 관계인에게 통보해야 함

4 특정소방대상물의 관계인 및 소방안전관리자의 업무

특정소방대상물 (소방안전관리대상물 제외) 관계인의 업무	• 피난시설, 방화구획 및 방화시설의 관리 • 소방시설이나 그 밖의 소방 관련 시설의 관리 • 화기취급의 감독 • 화재발생 시 초기대응 • 그 밖에 소방안전관리에 필요한 업무
소방안전관리대상물의 소방안전관리자 업무	• 피난계획에 관한 사항과 대통령령으로 정하는 사항이 포함된 소방계획서의 작성 및 시행 • 자위소방대 및 초기대응체계의 구성, 운영 및 교육 • 피난시설, 방화구획 및 방화시설의 관리 • 소방시설이나 그 밖의 소방 관련 시설의 관리 • 소방훈련 및 교육 • 화기취급의 감독 • 소방안전관리에 관한 업무수행에 관한 기록 · 유지 • 화재발생 시 초기대응 • 그 밖에 소방안전관리에 필요한 업무
소방안전관리업무 수행에 관한 기록 · 유지	• 소방안전관리자는 소방안전관리업무 수행에 관한 기록을 서식에 따라 월 1회 이상 작성 · 관리해야 함 • 소방안전관리자는 업무 수행에 관한 기록을 작성한 날부터 2년간 보관해야 함

5 소방안전관리업무의 대행

① 대통령령으로 정하는 소방안전관리대상물의 관계인은 관리업자로 하여금 소방안전관리업무 중 대통령령으로 정하는 업무를 대행하게 할 수 있음

대통령령으로 정하는 소방안전관리대상물 ★	• 지상층의 층수가 11층 이상인 1급 소방안전관리대상물(연면적 $15,000m^2$ 이상인 특정소방대상물과 아파트 제외) • 2급 및 3급 소방안전관리대상물

<table>
<tr><td>대통령령으로 정하는 업무</td><td>• 피난시설, 방화구획 및 방화시설의 관리
• 소방시설이나 그 밖의 소방 관련 시설의 관리</td></tr>
</table>

② 이 경우 선임된 소방안전관리자는 관리업자의 대행업무 수행을 감독하고 대행업무 외의 소방안전관리 업무는 직접 수행해야 함

6 건설현장 소방안전관리

공사시공자는 화재발생 및 화재피해의 우려가 큰 건설현장 소방안전관리대상물을 신축 · 증축 · 개축 · 재축 · 이전 · 용도변경 또는 대수선하는 경우에는 소방안전관리자 자격증을 발급받은 소방안전관리자로서 건설현장 소방안전관리자 강습교육을 받은 사람을 건설현장 소방안전관리자로 선임하고 소방본부장 또는 소방서장에게 신고하여야 함

① 건설현장 소방안전관리대상물
- 신축 · 증축 · 개축 · 재축 · 이전 · 용도변경 또는 대수선을 하려는 부분의 연면적의 합계가 $15,000m^2$ 이상인 것
- 신축 · 증축 · 개축 · 재축 · 이전 · 용도변경 또는 대수선을 하려는 부분의 연면적이 $5,000m^2$ 이상인 것 중 다음 어느 하나에 해당하는 것
  - 지하층의 층수가 2개 층 이상인 것
  - 지상층의 층수가 11층 이상인 것
  - 냉동창고, 냉장창고 또는 냉동 · 냉장창고

② 건설현장 소방안전관리자의 업무
- 건설현장의 소방계획서 작성
- 임시소방시설의 설치 및 관리에 대한 감독
- 공사진행 단계별 피난안전구역, 피난로 등의 확보와 관리
- 건설현장의 작업자에 대한 소방안전 교육 및 훈련
- 초기대응체계의 구성 · 운영 및 교육
- 화기취급의 감독, 화재위험작업의 허가 및 관리
- 그 밖에 건설현장의 소방안전관리와 관련하여 소방청장이 고시하는 업무

③ 선임기간
소방시설공사 착공 신고일부터 건축물 사용승인일까지 선임

④ 선임신고
- 건설현장 소방안전관리대상물의 공사시공자는 건설현장 소방안전관리자를 선임한 경우에는 선임한 날부터 14일 이내에 선임신고서(전자문서 포함)에 관련 서류(전자문서 포함)를 첨부하여 소방본부장 또는 소방서장에게 신고하여야 함(종합정보망 이용한 선임신고 가능)
- 관련 서류: 소방안전관리자 자격증, 강습교육 수료증, 공사계약서 사본

7 피난계획의 수립 및 시행

① **피난계획의 수립**

소방안전관리대상물의 관계인은 그 장소에 근무·거주·출입하는 사람들이 화재가 발생한 경우에 안전하게 피난할 수 있도록 피난계획을 수립·시행하여야 하며, 피난시설의 위치, 피난경로 또는 대피요령이 포함된 피난유도 안내정보를 근무자 또는 거주자에게 정기적으로 제공하여야 함

② **피난유도 안내정보의 제공 방법**
- 연 2회 피난안내 교육을 실시하는 방법
- 분기별 1회 이상 피난안내방송을 실시하는 방법
- 피난안내도를 층마다 보기 쉬운 위치에 게시하는 방법
- 엘리베이터, 출입구 등 시청이 용이한 장소에 피난안내영상을 제공하는 방법

8 소방안전관리대상물 근무자 및 거주자 등에 대한 소방훈련 등

① 소방안전관리대상물의 관계인은 근무자 등에게 소방훈련과 소방안전관리에 필요한 교육을 하여야 하고, 피난훈련은 그 소방대상물에 출입하는 사람을 안전한 장소로 대피시키고 유도하는 훈련을 포함하여야 함

② 소방안전관리업무의 전담이 필요한 소방안전관리대상물(특급 및 1급)의 관계인은 소방훈련 및 교육을 한 날부터 30일 이내에 소방훈련 및 교육결과를 소방본부장 또는 소방서장에게 제출하여야 함

③ 연 1회 이상 실시하고, 실시결과 기록은 소방훈련 및 교육을 실시한 날부터 2년간 보관해야 함

9 소방안전관리자 등에 대한 교육

① **강습교육**
- 소방청장은 강습교육을 실시하고자 하는 때에는 강습교육 실시 20일 전까지 일시·장소, 그 밖에 강습교육 실시에 필요한 사항을 인터넷 홈페이지에 공고해야 함
- 강습교육을 수료하려는 사람은 교육시간 합계의 90% 이상을 출석하고, 실습내용 평가에 합격해야 하며 결강시간은 1일 최대 3시간을 초과할 수 없음

② **실무교육 ★**
- 소방청장은 실무교육을 실시하려는 경우에는 실무교육 실시 30일 전까지 일시·장소, 그 밖에 실무교육 실시에 필요한 사항을 인터넷 홈페이지에 공고하고 교육대상자에게 통보해야 함
- 교육대상자: 소방안전관리자(업무대행감독 소방안전관리자 포함) 및 소방안전관리보조자
- 교육주기: 선임된 날부터 6개월 이내(소방안전관련업무 경력으로 선임된 보조자의 경우는 3개월 이내), 그 이후에는 2년마다(최초 실무교육을 받은 날을 기준일로 하여 매 2년이 되는 해의 기준일과 같은 날 전까지를 말함) 1회 이상 실무교육을 받아야 함 ★

소방안전관리자의 경우	소방안전관리 강습교육 또는 실무교육을 받은 후 1년 이내에 소방안전관리자로 선임된 사람은 해당 강습교육 또는 실무교육을 수료한 날을 실무교육을 받은 날로 봄
소방안전관리보조자의 경우	소방안전관리자 강습교육 또는 실무교육이나 소방안전관리보조자 실무교육을 받은 후 1년 이내에 소방안전관리보조자로 선임된 사람은 해당 강습교육 또는 실무교육을 수료한 날을 실무교육을 받은 날로 봄

• 자격의 정지: 소방청장은 실무교육을 받지 아니한 경우에 1년 이하의 기간을 정하여 자격을 정지시킬 수 있음

위반사항	행정처분		
	1차	2차	3차
실무교육을 받지 아니한 경우	경고(시정명령)	자격정지(3개월)	자격정지(6개월)

05 벌칙 ★★★

1 3년 이하의 징역 또는 3천만원 이하의 벌금
① 화재안전조사 결과에 따른 조치명령을 정당한 사유 없이 위반한 자
② 화재예방안전진단 결과에 따른 보수·보강 등의 조치명령을 정당한 사유 없이 위반한 자

2 1년 이하의 징역 또는 1천만원 이하의 벌금
① 소방안전관리자 자격증을 다른 사람에게 빌려 주거나 빌리거나 이를 알선한 자
② 화재예방안전진단을 받지 아니한 자

3 300만원 이하의 벌금
① 화재안전조사를 정당한 사유 없이 거부·방해 또는 기피한 자
② 화재예방조치 명령을 정당한 사유 없이 따르지 아니하거나 방해한 자
③ 소방안전관리자, 총괄소방안전관리자 또는 소방안전관리보조자를 선임하지 아니한 자
④ 소방시설·피난시설·방화시설 및 방화구획 등이 법령에 위반된 것을 발견하였음에도 필요한 조치를 할 것을 요구하지 아니한 소방안전관리자
⑤ 소방안전관리자에게 불이익한 처우를 한 관계인

4 300만원 이하의 과태료
① 정당한 사유 없이 법 제17조(화재의 예방조치 등) 제1항의 각 호를 위반하여 화기취급 등을 한 자
② 법 제24조(특정소방대상물의 소방안전관리) 제2항을 위반하여 소방안전관리자를 겸한 자
③ 법 제29조(건설현장 소방안전관리) 제2항을 위반하여 건설현장 소방안전관리대상물의 소방안전관리자의 업무를 하지 아니한 경우
④ 소방안전관리업무를 하지 아니한 특정소방대상물의 관계인 또는 소방안전관리대상물의 소방안전관리자
⑤ 피난유도 안내정보를 제공하지 아니한 자
⑥ 소방훈련 및 교육을 하지 아니한 자

과태료 부과기준		
1차 위반	2차 위반	3차 이상 위반
100만원	200만원	300만원

5 200만원 이하의 과태료

① 기간 내에 선임신고를 하지 아니하거나 소방안전관리자의 성명 등을 게시하지 아니한 자
② 법 제29조(건설현장 소방안전관리) 제1항을 위반하여 기간 내에 선임신고를 하지 아니한 자

과태료 부과기준
• 지연 신고기간이 1개월 미만인 경우: 50만원
• 지연 신고기간이 1개월 이상 3개월 미만인 경우: 100만원
• 지연 신고기간이 3개월 이상이거나 신고하지 않은 경우: 200만원

③ 기간 내에 소방훈련 및 교육 결과를 제출하지 아니한 자

6 100만원 이하의 과태료

실무교육을 받지 아니한 소방안전관리자 및 소방안전관리보조자

과태료 부과기준
소방안전관리자 및 소방안전관리보조자가 실무교육을 받지 않은 경우: 50만원

★ 단원별 핵심점검

이것만은 꼭 화재의 예방 및 안전관리에 관한 법률 핵심요약

- ☑ 화재안전조사 주체 및 결과에 따른 명령권자: 소방청장 · 소방본부장 · 소방서장(소방관서장)이 실시
- ☑ 소방안전관리자 선임신고: 14일 이내
- ☑ 실무교육 주기: 선임 후 6개월 이내, 이후 2년마다
- ☑ 소방훈련: 연 1회 이상, 결과제출 30일 이내, 기록보관 2년

○✕ 빠른 체크 화재의 예방 및 안전관리에 관한 법률 핵심점검

01 화재안전조사는 시 · 도지사만 실시할 수 있다. (○ , ✕)

02 화재예방강화지구는 시 · 도지사가 지정한다. (○ , ✕)

03 소방안전관리자 선임신고는 30일 이내에 해야 한다. (○ , ✕)

04 1급 대상물 중 연면적 15,000m² 이상인 특정소방대상물은 업무대행이 불가하다. (○ , ✕)

05 소방훈련 및 교육기록은 5년간 보관해야 한다. (○ , ✕)

01	✕	02	○	03	✕	04	○	05	✕

01

화재안전조사를 실시할 수 있는 경우로 옳지 않은 것은?

① 자체점검이 불성실하거나 불완전하다고 인정되는 경우
② 재난예측정보, 기상예보 등을 분석한 결과 소방대상물에 화재발생 위험이 크다고 판단되는 경우
③ 화재가 자주 발생하였거나 발생할 우려가 뚜렷한 곳에 대한 조사가 필요한 경우
④ 화재, 그 밖의 긴급한 상황이 발생할 경우 인명 또는 재산 피해의 우려가 현저히 낮다고 판단되는 경우

 정답 ④

 해설

화재안전조사를 실시할 수 있는 경우
- 소방시설등의 자체점검이 불성실하거나 불완전하다고 인정되는 경우
- 화재예방강화지구 등 법령에서 화재안전조사를 하도록 규정되어 있는 경우
- 화재예방안전진단이 불성실하거나 불완전하다고 인정되는 경우
- 국가적 행사 등 주요 행사가 개최되는 장소 및 그 주변의 관계 지역에 대하여 소방안전관리 실태를 조사할 필요가 있는 경우
- 화재가 자주 발생하였거나 발생할 우려가 뚜렷한 곳에 대한 조사가 필요한 경우
- 재난예측정보, 기상예보 등을 분석한 결과 소방대상물에 화재발생 위험이 크다고 판단되는 경우
- 화재, 그 밖의 긴급한 상황이 발생할 경우 인명 또는 재산 피해의 우려가 현저하다고 판단되는 경우

02

다음 중 화재안전조사의 조사대상에 대한 사전 공개기간으로 옳은 것은?

① 1일 이상
② 3일 이상
③ 5일 이상
④ 7일 이상

정답 ④

해설

소방관서장은 화재안전조사를 실시하려는 경우 사전에 관계인에게 조사대상, 조사기간 및 조사사유 등 조사계획을 우편, 전화, 전자메일 또는 문자전송 등을 통해 통지하고 소방관서의 인터넷 홈페이지나 전산시스템을 통해 7일 이상 공개해야 한다.

03

화재안전조사 결과에 따라 소방대상물의 개수 · 이전 · 제거 등의 조치명령을 내릴 수 있는 권한자로 올바르게 짝 지어진 것은?

① 소방청장, 소방본부장, 소방서장
② 행정안전부장관, 소방청장, 시장 · 군수
③ 소방본부장, 소방서장, 한국소방안전원장
④ 국무총리, 소방청장, 시 · 도지사

정답 ①

 해설

화재안전조사 결과에 따른 명령권자는 소방관서장(소방청장 · 소방본부장 · 소방서장)이다.

04

화재예방법상 화재안전조사에 대한 내용으로 옳지 않은 것은?

① 재난예측정보, 기상예보 등을 분석한 결과 소방대상물에 화재의 발생 위험이 크다고 판단되는 경우 화재안전조사를 실시할 수 있다.
② 소방관서장은 화재안전조사를 실시하려는 경우 사전에 조사계획을 소방관서의 인터넷 홈페이지나 전산시스템을 통해 7일 이상 공개해야 한다.
③ 소방안전관리 업무 수행에 관한 사항은 화재안전조사 항목 중 하나이다.
④ 국가적 행사 등 주요 행사가 개최되는 장소에 대해서는 화재안전조사를 실시할 수 없다.

정답 ④

해설

국가적 행사 등 주요 행사가 개최되는 장소 및 그 주변의 관계 지역에 대하여 소방안전관리 실태를 조사할 필요가 있는 경우 화재안전조사를 실시할 수 있다.

05

다음 중 화재안전조사 항목에 해당하지 않는 것은?

① 소방시설등의 자체점검에 관한 사항
② 화재의 예방조치 등에 관한 사항
③ 소방안전관리 업무 수행에 관한 사항
④ 특정소방대상물 및 관계지역에 대한 강제처분에 관한 사항

정답 ④

해설

특정소방대상물 및 관계지역에 대한 강제처분에 관한 사항은 화재안전조사 항목에 해당하지 않는다.

06

다음 중 화재안전조사 결과에 따른 조치명령으로 옳지 않은 것은?

① 개수
② 이전
③ 재건축
④ 제거

정답 ③

해설

화재안전조사 결과에 따른 명령사항
- 소방대상물의 개수 · 이전 · 제거
- 사용의 금지 또는 제한
- 사용폐쇄
- 공사의 정지 또는 중지

07

다음 중 화재예방강화지구의 지정 대상 지역에 해당하지 않는 것은?

① 시장지역
② 목조건물이 밀집한 지역
③ 석유화학제품을 생산하는 공장이 있는 지역
④ 아파트 단지가 밀집한 주거지역

정답 ④

해설

화재예방강화지구의 지정지역
• 시장지역
• 공장·창고가 밀집한 지역
• 목조건물이 밀집한 지역
• 노후·불량건축물이 밀집한 지역
• 위험물의 저장 및 처리시설이 밀집한 지역
• 석유화학제품을 생산하는 공장이 있는 지역
• 산업입지 및 개발에 관한 법률에 따른 산업단지
• 소방시설·소방용수시설 또는 소방출동로가 없는 지역
• 물류시설의 개발 및 운영에 관한 법률에 따른 물류단지
• 그 밖에 소방관서장이 화재예방강화지구로 지정할 필요가 있다고 인정하는 지역

08

다음 중 층수가 17층인 특정소방대상물(아파트 제외)의 소방안전관리대상물로서 옳지 않은 것은?

① 가연성 가스를 1,000톤 이상 저장·취급하는 시설
② 지상으로부터 높이가 120m 이상인 아파트
③ 30층 이상(지하층 포함)인 아파트
④ 연면적 15,000m^2 이상인 특정소방대상물(아파트 제외)

정답 ③

해설

• 층수가 17층인 특정소방대상물(아파트 제외)은 1급 소방안전관리대상물이다.
• 1급 소방안전관리대상물

선임대상물	특정소방대상물 중 특급 소방안전관리대상물을 제외하고 다음의 어느 하나에 해당하는 것 ㉠ 30층 이상(지하층 제외)이거나 지상으로부터 높이가 120m 이상인 아파트 ㉡ 연면적 15,000m^2 이상인 특정소방대상물(아파트 및 연립주택은 제외) ㉢ ㉡에 해당하지 않는 특정소방대상물로서 지상층의 층수가 11층 이상인 특정소방대상물(아파트는 제외) ㉣ 가연성 가스를 1,000톤 이상 저장·취급하는 시설

09

소방안전관리자(보조자 포함)를 선임한 후, 소방본부장 또는 소방서장에게 그 사실을 신고해야 하는 기간으로 옳은 것은?

① 선임한 날부터 7일 이내
② 선임한 날부터 14일 이내
③ 선임한 날부터 30일 이내
④ 선임한 날부터 6개월 이내

정답 ②

해설

소방안전관리대상물의 관계인이 소방안전관리자 또는 소방안전관리보조자를 선임한 경우에는 행정안전부령으로 정하는 바에 따라 선임한 날부터 14일 이내에 소방본부장 또는 소방서장에게 신고하여야 한다.

10

연면적이 45,000m²인 어느 특정소방대상물이 있다. 소방안전관리보조자의 최소 선임기준으로 옳은 것은?

① 1명
② 2명
③ 3명
④ 4명

정답 ③

해설

연면적이 15,000m² 이상인 특정소방대상물(아파트 및 연립주택 제외)의 경우 소방안전관리보조자 1명을 선임하되, 초과되는 연면적 15,000m²(특정소방대상물의 방재실에 자위소방대가 24시간 상시 근무하고 소방장비관리법 시행령에 따른 소방자동차 중 소방펌프차, 소방물탱크차, 소방화학차 또는 무인방수차를 운용하는 경우에는 30,000m²)마다 1명 이상을 추가로 선임한다.

→ 최소 선임기준은 $\dfrac{45,000m^2}{15,000m^2}$ = 3명이다.

11

다음 중 소방시설관리업자에게 소방안전관리업무를 대행하게 할 수 있는 대상물이 아닌 것은?

① 연면적이 20,000m²인 1급 소방안전관리대상물
② 지상층의 층수가 12층인 1급 소방안전관리대상물(연면적 10,000m²)
③ 옥내소화전설비가 설치된 2급 소방안전관리대상물
④ 자동화재탐지설비가 설치된 3급 소방안전관리대상물

정답 ①

해설

연면적이 15,000m² 이상인 1급 소방안전관리대상물은 대행이 불가능하다.

> **➕ 꼼꼼**
>
> **대행이 가능한 대통령령으로 정하는 소방안전관리대상물**
> • 지상층의 층수가 11층 이상인 1급 소방안전관리대상물(연면적 15,000m² 이상인 특정소방대상물과 아파트 제외)
> • 2급 및 3급 소방안전관리대상물

12

높이 130m, 1,400세대가 살고 있는 아파트에 대한 설명으로 옳은 것은?

① 소방안전관리보조자는 3명이 필요하다.
② 1급 소방안전관리자 시험 합격자를 바로 선임할 수 있다.
③ 위험물기능장 국가기술자격증이 있는 사람을 선임할 수 있다.
④ 소방공무원으로 3년의 근무경력이 있는 사람을 선임할 수 있다.

정답 ②

해설
- 1급 소방안전관리대상물 기준: 30층 이상(지하층은 제외)이거나 지상으로부터 높이가 120m 이상인 아파트
- 소방안전관리보조자는 300세대 초과 시 1명 추가

$$\frac{1,400세대}{300세대} = 4.67(소수점\ 생략) \rightarrow 소방안전관리보조자는\ 4명을\ 선임해야\ 한다.$$

- 1급 소방안전관리대상 선임자격
  - 소방설비기사 또는 소방설비산업기사의 자격이 있는 사람
  - 소방공무원으로 7년 이상 근무한 경력이 있는 사람
  - 소방청장이 실시하는 1급 소방안전관리대상물의 소방안전관리에 관한 시험에 합격한 사람

13

어떤 특정소방대상물에 소방안전관리자가 2025년 7월 1일에 해임되었다. 해임된 날부터 며칠 이내에 소방안전관리자를 선임해야 하고 관할 소방서장에게 며칠 이내에 신고해야 하는가?

① 선임일: 2025년 7월 15일 이내, 선임신고일: 2025년 7월 25일
② 선임일: 2025년 7월 21일 이내, 선임신고일: 2025년 8월 31일
③ 선임일: 2025년 8월 1일 이내, 선임신고일: 2025년 8월 11일
④ 선임일: 2025년 8월 1일 이내, 선임신고일: 2025년 8월 31일

정답 ①

해설
- 선임: 소방안전관리대상물의 관계인은 소방안전관리(보조)자를 30일 이내에 선임해야 한다.
- 선임신고 등: 소방안전관리대상물의 관계인이 소방안전관리자 또는 소방안전관리보조자를 선임한 경우에는 행정안전부령으로 정하는 바에 따라 선임한 날부터 14일 이내에 소방본부장 또는 소방서장에게 신고하여야 한다.

14

어떤 특정소방대상물에 2026년 2월 10일 소방안전관리자로 선임되었다. 실무교육은 언제까지 받아야 하는가?

① 2026년 8월 9일 　　　　　　② 2026년 8월 30일
③ 2027년 8월 9일 　　　　　　④ 2027년 8월 30일

 ①

실무교육은 선임된 날부터 6개월 이내(소방안전관련업무 경력으로 선임된 보조자의 경우는 3개월 이내), 그 이후에는 2년마다(최초 실무교육을 받은 날을 기준일로 하여 매 2년이 되는 해의 기준일과 같은 날 전까지를 말함) 1회 이상 받아야 한다.
→ 2026년 2월 10일을 기준으로 6개월 이내에 실무교육을 받아야 하므로 2026년 8월 9일에는 실무교육을 받아야 한다.

15

다음 중 벌금이 가장 높은 것은?

① 화재예방안전진단 결과에 따른 보수·보강 등의 조치명령을 정당한 사유 없이 위반한 자
② 화재안전조사를 정당한 사유 없이 거부·방해 또는 기피한 자
③ 피난 명령을 위반한 자
④ 소방용수시설 또는 비상소화장치의 효용을 해치거나 그 정당한 사용을 방해한 자

정답 ④

해설

- 정당한 사유 없이 소방용수시설 또는 비상소화장치를 사용하거나 소방용수시설 또는 비상소화장치의 효용을 해치거나 그 정당한 사용을 방해한 사람: 5년 이하의 징역 또는 5천만원 이하의 벌금
- 화재예방안전진단 결과에 따른 보수·보강 등의 조치명령을 정당한 사유 없이 위반한 자: 3년 이하의 징역 또는 3천만원 이하의 벌금
- 화재안전조사를 정당한 사유 없이 거부·방해 또는 기피한 자: 300만원 이하의 벌금
- 피난 명령을 위반한 자: 100만원 이하의 벌금

16

다음 중 소방훈련 및 교육을 실시하지 아니한 자에게 부과되는 벌칙으로 옳은 것은?

① 1천만원 이하의 벌금 　　　　　　② 300만원 이하의 벌금
③ 100만원 이하의 과태료 　　　　　　④ 300만원 이하의 과태료

정답 ④

해설

소방훈련 및 교육을 하지 아니한 자에게는 300만원 이하의 과태료를 부과한다.

CHAPTER 04 소방시설 설치 및 관리에 관한 법률

01 총칙

1 목적

① 소방시설등의 설치·관리와 소방용품 성능관리에 필요한 사항을 규정함으로써 국민의 신체·생명 및 재산 보호
② 공공의 안전과 복리증진에 이바지

2 용어의 정의

소방시설	소화설비, 경보설비, 피난구조설비, 소화용수설비, 그 밖에 소화활동설비로서 대통령령으로 정하는 것
특정소방대상물	건축물 등의 규모·용도 및 수용인원 등을 고려하여 소방시설을 설치하여야 하는 소방대상물로서 대통령령으로 정하는 것
무창층	지상층 중 다음의 요건을 모두 갖춘 개구부의 면적의 합계가 해당 층의 바닥면적의 30분의 1 이하가 되는 층 ★★★ • 크기는 지름 50cm 이상의 원이 통과할 수 있을 것 • 해당 층의 바닥면으로부터 개구부 밑부분까지의 높이가 1.2m 이내일 것 • 도로 또는 차량이 진입할 수 있는 빈터를 향할 것 • 화재 시 건축물로부터 쉽게 피난할 수 있도록 창살이나 그 밖의 장애물이 설치되지 않을 것 • 내부 또는 외부에서 쉽게 부수거나 열 수 있을 것

피난층	곧바로 지상으로 갈 수 있는 출입구가 있는 층 ★

- 소화기
- 단독경보형 감지기

02 방염

1 방염성능기준 이상의 실내장식물 등을 설치해야 하는 특정소방대상물

① 근린생활시설 중 의원, 치과의원, 한의원, 조산원, 산후조리원, 체력단련장, 공연장 및 종교집회장
② 건축물의 옥내에 있는 시설 중 종교시설, 운동시설(수영장은 제외), 문화 및 집회시설
③ 의료시설
④ 교육연구시설 중 합숙소
⑤ 노유자시설
⑥ 숙박이 가능한 수련시설
⑦ 숙박시설
⑧ 방송통신시설 중 방송국 및 촬영소
⑨ 다중이용업소
⑩ 위의 시설에 해당하지 않는 것으로서 층수가 11층 이상인 것(아파트등은 제외)

2 방염대상물품 ★★

제조 또는 가공공정에서 방염처리를 한 물품	건축물 내부의 천장이나 벽에 부착·설치하는 물품
• 창문에 설치하는 커튼류(블라인드 포함) • 카펫 • 벽지류(두께 2mm 미만인 종이벽지 제외) • 전시용 합판·목재·섬유판 • 무대용 합판·목재·섬유판 • 암막·무대막(영화상영관·가상체험 체육시설업에 설치하는 스크린 포함) • 섬유류 또는 합성수지류 등을 원료로 하여 제작된 소파·의자(단란주점영업, 유흥주점영업 및 노래연습장업의 영업장에 설치하는 것으로 한정)	• 종이류(두께 2mm 이상)·합성수지류 또는 섬유류를 주원료로 한 물품 • 합판이나 목재 • 공간을 구획하기 위하여 설치하는 간이칸막이 • 흡음·방음을 위하여 설치하는 흡음재(흡음용 커튼 포함) 또는 방음재(방음용 커튼 포함)

3 방염처리된 물품의 사용을 권장할 수 있는 경우

① 다중이용업소, 의료시설, 노유자시설, 숙박시설 또는 장례식장에서 사용하는 침구류·소파 및 의자
② 건축물 내부의 천장 또는 벽에 부착하거나 설치하는 가구류

4 방염처리 물품의 성능검사 ★

구분	선처리물품	현장처리물품
종류	커튼류, 카펫, 합판·목재류 등	합판·목재류
실시기관	한국소방산업기술원	시·도지사(관할소방서장)
검사방법	검사신청수량 중 일정한 수량을 표본추출하여 실시	일정한 크기·수량의 표본을 제출받아 실시
합격표시	방염성능검사 합격표시 부착	방염성능검사 확인표시 부착

03 소방시설등의 자체점검 ★★

1 작동점검

① 정의

소방시설등을 인위적으로 조작하여 정상적으로 작동하는지를 소방시설등 작동점검표에 따라 점검하는 것

② 점검 대상, 점검 횟수 및 시기 등

점검 대상	점검 기술인력	점검 횟수 및 점검 시기 등
㉠ 간이스프링클러설비(주택전용 간이 스프링클러설비 제외) 또는 자동화재탐지설비가 설치된 특정소방대상물	• 관계인 • 관리업에 등록된 기술인력 중 소방시설관리사 • 특급점검자 • 소방안전관리자로 선임된 소방시설관리사 및 소방기술사	• 점검횟수: 연 1회 이상 실시 • 점검시기 　㉠ 종합점검 대상: 종합점검(최초점검 제외)을 받은 달부터 6개월이 되는 달에 실시 　㉡ ㉠에 해당하지 않는 특정소방대상물: 특정소방대상물의 사용승인일이 속하는 달의 말일까지 실시
㉠에 해당하지 않는 특정소방대상물	• 관리업에 등록된 소방시설관리사 • 소방안전관리자로 선임된 소방시설관리사 및 소방기술사	

작동점검 제외대상
• 소방안전관리자를 선임하지 않는 대상
• 위험물제조소등
• 특급 소방안전관리대상물

2 종합점검

① 종합점검의 구분

최초점검	그 밖의 종합점검
해당 특정소방대상물의 소방시설등이 신설된 경우 건축물을 사용할 수 있게 된 날부터 60일 이내에 하는 점검	최초점검을 제외한 종합점검

② 정의

소방시설등의 작동점검을 포함하여 소방시설등의 설비별 주요 구성 부품의 구조기준이 화재안전기준과 건축법 등 관련 법령에서 정하는 기준에 적합한지 여부를 소방시설등 종합점검표에 따라 점검하는 것

③ 점검 대상, 점검 횟수 및 시기 등

점검 대상	점검 기술인력	점검 횟수 및 점검 시기 등
• 소방시설등이 신설된 특정소방대상물 • 스프링클러설비가 설치된 특정소방대상물 • 물분무등소화설비(호스릴 방식의 물분무등소화설비만을 설치한 경우는 제외)가 설치된 연면적 5,000m² 이상인 특정소방대상물(위험물제조소등 제외) • 단란주점영업, 유흥주점영업, 영화상영관, 비디오물감상실업, 복합영상물제공업, 노래연습장업, 산후조리업, 고시원업, 안마시술소의 다중이용업의 영업장이 설치된 특정소방대상물로서 연면적이 2,000m² 이상인 것 • 제연설비가 설치된 터널 • 공공기관 중 연면적(터널·지하구의 경우 그 길이와 평균 폭을 곱하여 계산된 값을 말함)이 1,000m² 이상인 것으로서 옥내소화전설비 또는 자동화재탐지설비가 설치된 것(다만, 소방대가 근무하는 공공기관은 제외)	• 관리업에 등록된 소방시설관리사 • 소방안전관리자로 선임된 소방시설관리사 및 소방기술사	• 점검 횟수: 연 1회 이상(특급 소방안전관리대상물은 반기에 1회 이상) 실시 • 점검 시기 　㉠ 소방시설등이 신설된 특정소방대상물은 건축물을 사용할 수 있게 된 날부터 60일 이내 실시 　㉡ ㉠을 제외한 특정소방대상물은 건축물의 사용승인일이 속하는 달에 실시(단, 학교의 경우에는 해당 건축물의 사용승인일이 1월에서 6월 사이에 있는 경우에는 6월 30일까지 실시할 수 있음) 　㉢ 건축물 사용승인일 이후 다중이용업소에 따라 종합점검 대상에 해당하게 된 경우에는 그다음 해부터 실시 　㉣ 하나의 대지경계선 안에 2개 이상의 자체점검 대상 건축물 등이 있는 경우에는 그 건축물 중 사용승인일이 가장 빠른 연도의 건축물의 사용승인일을 기준으로 점검할 수 있음

✏️ 더 알아보기 **종합점검과 작동점검**

작동점검	종합점검
종합점검(최초점검 제외)을 받은 달부터 6개월이 되는 달에 실시	사용승인일이 속하는 달에 실시

3 자체점검 결과의 조치 등 ★★

① 관계인은 자체점검 결과 중대위반사항이 발견된 경우 지체 없이 수리 등 필요한 조치를 해야 함

> ✒ **더 알아보기** **중대위반사항**
>
> - 소화펌프(가압송수장치 포함), 동력·감시제어반 또는 소방시설용 전원(비상전원 포함)의 고장으로 소방시설이 작동되지 않는 경우
> - 화재 수신기의 고장으로 화재경보음이 자동으로 울리지 않거나 화재 수신기와 연동된 소방시설의 작동이 불가능한 경우
> - 소화배관 등이 폐쇄·차단되어 소화수 또는 소화약제가 자동 방출되지 않는 경우
> - 방화문 또는 자동방화셔터가 훼손되거나 철거되어 본래의 기능을 못하는 경우

② 관리업자등은 자체점검 결과 중대위반사항을 발견한 경우 즉시 관계인에게 알려야 하며, 관계인은 지체 없이 수리 등 필요한 조치를 해야 함

③ 관리업자등은 자체점검을 실시한 경우에는 그 점검이 끝난 날부터 10일 이내에 소방시설등 자체점검 실시결과 보고서에 소방시설등점검표를 첨부하여 관계인에게 제출해야 함

④ 관계인은 자체점검 결과를 행정안전부령으로 정하는 바에 따라 소방시설등에 대한 수리·교체·정비에 관한 이행계획(중대위반사항에 대한 조치사항 포함)을 첨부하여 소방본부장 또는 소방서장에게 보고해야 함

⑤ 관계인은 점검이 끝난 날부터 15일 이내에 소방시설등 자체점검 실시결과 보고서에 다음의 서류를 첨부하여 소방본부장 또는 소방서장에게 서면이나 소방청장이 지정하는 전산망을 통하여 보고해야 함
- 점검인력 배치확인서(관리업자가 점검한 경우만 해당)
- 소방시설등의 자체점검 결과 이행계획서

⑥ 소방본부장 또는 소방서장에게 자체점검 실시결과 보고를 마친 관계인은 소방시설등 자체점검 실시결과 보고서(소방시설등점검표 포함)를 점검이 끝난 날부터 2년간 자체보관해야 함

⑦ 자체점검(작동점검 또는 종합점검)을 실시한 자는 점검결과를 2년간 보관해야 함

⑧ 소방시설등의 자체점검 결과 이행계획서를 보고받은 소방본부장 또는 소방서장은 다음의 구분에 따라 이행계획의 완료 기간을 정하여 관계인에게 통보해야 함(다만, 소방시설등에 대한 수리·교체·정비의 규모 또는 절차가 복잡하여 기간 내에 이행을 완료하기가 어려운 경우에는 그 기간을 달리 정할 수 있음)
- 소방시설등을 구성하고 있는 기계·기구를 수리하거나 정비하는 경우: 보고일부터 10일 이내
- 소방시설등의 전부 또는 일부를 철거하고 새로 교체하는 경우: 보고일부터 20일 이내

⑨ 이행계획을 완료한 관계인은 이행을 완료한 날부터 10일 이내에 소방시설등의 자체점검 결과 이행완료 보고서에 다음의 서류를 첨부하여 소방본부장 또는 소방서장에게 보고해야 함
- 이행계획 건별 전·후 사진 증명자료
- 소방시설공사 계획서

⑩ 자체점검 결과 보고를 마친 관계인은 보고한 날부터 10일 이내에 소방시설등 자체점검기록표를 작성하여 특정소방대상물의 출입자가 쉽게 볼 수 있는 장소에 게시해야 함(이 경우 자체점검기록표를 게시하는 기간은 다음 자체점검기록표를 작성·게시하기 전까지로 함)

1 5년 이하의 징역 또는 5천만원 이하의 벌금

① 소방시설에 폐쇄·차단 등의 행위를 한 자
② 가중처벌 규정

사람을 상해에 이르게 한 때	7년 이하의 징역 또는 7천만원 이하의 벌금
사망에 이르게 한 때	10년 이하의 징역 또는 1억원 이하의 벌금

2 3년 이하의 징역 또는 3천만원 이하의 벌금

① 소방시설이 화재안전기준에 따라 설치·관리되고 있지 아니할 때 관계인에게 필요한 조치명령을 정당한 사유 없이 위반한 자
② 법 제16조(피난시설, 방화구획 및 방화시설의 관리) 제1항에 해당하는 행위를 한 경우에는 피난시설, 방화구획 및 방화시설의 관리를 위하여 필요한 조치를 명할 수 있으나, 이에 따른 명령을 정당한 사유 없이 위반한 자
③ 소방시설 자체점검 결과에 따른 이행계획을 완료하지 않아 필요한 조치의 이행을 명하였으나, 이에 따른 명령을 정당한 사유 없이 위반한 자

3 1년 이하의 징역 또는 1천만원 이하의 벌금

소방시설등에 대하여 스스로 점검을 하지 아니하거나 관리업자등으로 하여금 정기적으로 점검하게 하지 아니한 자

4 300만원 이하의 벌금

자체점검 결과 소화펌프 고장 등 중대위반사항이 발견된 경우 필요한 조치를 하지 않은 관계인 또는 관계인에게 중대위반사항을 알리지 아니한 관리업자등

5 300만원 이하의 과태료

① 소방시설을 화재안전기준에 따라 설치·관리하지 아니한 자
② 공사 현장에 임시소방시설을 설치·관리하지 아니한 자
③ 피난시설, 방화구획 또는 방화시설을 폐쇄·훼손·변경 등의 행위를 한 자

과태료 부과기준		
1차 위반	2차 위반	3차 위반
100만원	200만원	300만원

④ 관계인에게 점검 결과를 제출하지 아니한 관리업자등

⑤ 점검 결과를 보고하지 아니하거나 거짓으로 보고한 자

과태료 부과기준
• 지연보고 기간이 10일 미만인 경우: 50만원
• 지연보고 기간이 10일 이상 1개월 미만인 경우: 100만원
• 지연보고 기간이 1개월 이상이거나 보고하지 않은 경우: 200만원
• 점검 결과를 축소·삭제하는 등 거짓으로 보고한 경우: 300만원

⑥ 자체점검 이행계획을 기간 내에 완료하지 아니한 자 또는 이행계획 완료 결과를 보고하지 않거나 거짓으로 보고한 자

과태료 부과기준
• 지연완료 기간 또는 지연보고 기간이 10일 미만인 경우: 50만원
• 지연완료 기간 또는 지연보고 기간이 10일 이상 1개월 미만인 경우: 100만원
• 지연완료 기간 또는 지연보고 기간이 1개월 이상이거나, 완료 또는 보고를 하지 않은 경우: 200만원
• 이행계획 완료 결과를 거짓으로 보고한 경우: 300만원

⑦ 점검기록표를 기록하지 아니하거나 특정소방대상물의 출입자가 쉽게 볼 수 있는 장소에 게시하지 아니한 관계인

과태료 부과기준		
1차 위반	2차 위반	3차 위반
100만원	200만원	300만원

★ 단원별 핵심점검

이것만은 꼭　소방시설 설치 및 관리에 관한 법률 핵심요약

☑ 무창층: 개구부 면적의 합계가 바닥면적의 1/30 이하인 층
☑ 방염대상물품: 커튼, 카펫, 벽지류(두께 2mm 미만 종이벽지 제외), 합판, 암막 등
☑ 작동점검: 소방시설 작동 여부 확인 / 종합점검: 구성 부품의 성능시험 포함
☑ 자체점검 결과: 점검 완료 후 15일 이내 보고
☑ 벌칙 최고: 5년/5천만원(소방시설 폐쇄·차단)

○X 빠른 체크　소방시설 설치 및 관리에 관한 법률 핵심점검

01　무창층은 개구부 면적의 합계가 바닥면적의 1/20 이하인 층이다.　（ ○ , × ）

02　두께 2mm 미만의 종이벽지는 방염대상에서 제외된다.　（ ○ , × ）

03　소방시설 폐쇄·차단 시 3년 이하의 징역 또는 3천만원 이하의 벌금에 처한다.　（ ○ , × ）

04　종합점검에는 외관점검만 포함된다.　（ ○ , × ）

01	×	02	○	03	×	04	×

단원별 출제예상문제

01

다음 중 무창층의 개구부 요건에 해당하지 않는 것은?

① 내부 또는 외부에서 쉽게 부수거나 열 수 있을 것
② 해당 층의 바닥면으로부터 개구부 밑부분까지의 높이가 1.2m 이내일 것
③ 도로 또는 차량이 진입할 수 있는 빈터를 향할 것
④ 크기는 지름 30cm 이하의 원이 통과할 수 있을 것

정답 ④

해설

무창층

지상층 중 다음의 요건을 모두 갖춘 개구부의 면적의 합계가 해당 층의 바닥면적의 30분의 1 이하가 되는 층
- 크기는 지름 50cm 이상의 원이 통과할 수 있을 것
- 해당 층의 바닥면으로부터 개구부 밑부분까지의 높이가 1.2m 이내일 것
- 도로 또는 차량이 진입할 수 있는 빈터를 향할 것
- 화재 시 건축물로부터 쉽게 피난할 수 있도록 창살이나 그 밖의 장애물이 설치되지 않을 것
- 내부 또는 외부에서 쉽게 부수거나 열 수 있을 것

02

방염처리된 물품의 사용을 권장할 수 없는 경우는?

① 노유자시설에 설치된 의자
② 장례식장에 설치된 소파
③ 숙박시설에 설치된 커튼
④ 의료시설에 설치된 침구류

정답 ③

해설

방염처리된 물품의 사용을 권장할 수 있는 경우
- 다중이용업소, 의료시설, 노유자시설, 숙박시설 또는 장례식장에서 사용하는 침구류 · 소파 및 의자
- 건축물 내부의 천장 또는 벽에 부착하거나 설치하는 가구류

03

다음 방염대상물품 중 제조 또는 가공공정에서 방염처리를 한 물품으로 옳지 않은 것은?

① 종이류(두께 2mm 이상)
② 암막·무대막(영화상영관에 설치하는 스크린과 가상체험 체육시설업에 설치하는 스크린을 포함)
③ 창문에 설치하는 커튼류(블라인드 포함)
④ 섬유류 또는 합성수지류 등을 원료로 하여 제작된 소파·의자(단란주점영업, 유흥주점영업 및 노래연습장업의 영업장에 설치하는 것으로 한정)

정답 ①

해설

방염대상물품

제조 또는 가공공정에서 방염처리를 한 물품	건축물 내부의 천장이나 벽에 부착·설치하는 물품
• 창문에 설치하는 커튼류(블라인드 포함) • 카펫 • 벽지류(두께 2mm 미만인 종이벽지 제외) • 전시용 합판·목재·섬유판 • 무대용 합판·목재·섬유판 • 암막·무대막(영화상영관·가상체험 체육시설업에 설치하는 스크린 포함) • 섬유류 또는 합성수지류 등을 원료로 하여 제작된 소파·의자(단란주점영업, 유흥주점영업 및 노래연습장업의 영업장에 설치하는 것으로 한정)	• 종이류(두께 2mm 이상)·합성수지류 또는 섬유류를 주원료로 한 물품 • 합판이나 목재 • 공간을 구획하기 위하여 설치하는 간이칸막이 • 흡음·방음을 위하여 설치하는 흡음재(흡음용 커튼 포함) 또는 방음재(방음용 커튼 포함)

04

어느 건축물 사용승인일이 2026년 5월 1일일 때 종합점검 시기와 작동점검 시기를 순서대로 고르시오.

① 종합점검 시기: 5월 15일, 작동점검 시기: 11월 1일
② 종합점검 시기: 5월 15일, 작동점검 시기: 12월 1일
③ 종합점검 시기: 6월 15일, 작동점검 시기: 11월 1일
④ 종합점검 시기: 6월 15일, 작동점검 시기: 12월 1일

정답 ①

해설

종합점검과 작동점검

종합점검	작동점검
사용승인일이 속하는 달에 실시	종합점검(최초점검 제외)을 받은 달부터 6개월이 되는 달에 실시

05

소방시설등의 자체점검을 실시한 관리업자등이 점검결과를 관계인에게 제출해야 하는 기한으로 옳은 것은?

① 점검이 끝난 날부터 7일 이내
② 점검이 끝난 날부터 10일 이내
③ 점검이 끝난 날부터 15일 이내
④ 점검이 끝난 날부터 30일 이내

정답 ②

해설

관리업자등이 자체점검을 마친 경우 해당 점검이 끝난 날부터 10일 이내에 점검표를 첨부하여 관계인에게 결과를 제출해야 한다.

06

방염처리물품의 성능검사에서 현장처리물품의 성능검사 실시기관으로 옳은 것은?

① 관할소방서장
② 한국소방안전원
③ 한국소방산업기술원
④ 성능검사를 받지 않아도 된다.

정답 ①

해설

구분	선처리물품	현장처리물품
종류	커튼류, 카펫, 합판·목재류 등	합판·목재류
실시기관	한국소방산업기술원	시·도지사(관할소방서장)
검사방법	검사신청수량 중 일정한 수량을 표본추출하여 실시	일정한 크기·수량의 표본을 제출받아 실시
합격표시	방염성능검사 합격표시 부착	방염성능검사 확인표시 부착

07

자체점검(작동점검 또는 종합점검)을 실시한 자는 점검결과를 몇 년간 보관해야 하는가?

① 1년
② 2년
③ 3년
④ 5년

정답 ②

해설

자체점검을 실시한 자는 점검결과를 2년간 보관해야 한다.

CHAPTER 05 건축관계법령

01 총칙

1 목적

① 건축물의 대지·구조·설비기준 및 용도 등을 정하여 건축물의 안전·기능·환경 및 미관 향상
② 공공복리 증진에 이바지

2 건축물의 방화안전 개념

방화구획	건축물의 내부를 방화벽으로 구획하여 • 화재의 확산을 일정 구역으로 제한 • 연기의 확산은 제연을 시행하도록 소방법에 위임 • 소화작업 및 피난시간을 일정 시간 확보
실내 마감재	방화구획과 피난계단, 지상으로 통하는 주된 복도는 일정 시간 화재의 확산을 방지토록 불연재, 준불연재료, 난연재료를 실내 마감재로 사용
내화구조	화재 시 일정 시간 건축물의 강도를 유지하기 위해 주요구조부와 지붕은 내화구조로 함
피난	대피공간, 발코니, 직통계단, 복도, 피난계단, 특별피난계단의 구조·치수 등을 규정

✎ 더 알아보기　**건축법과 소방관계법의 관계**

건축법	소방시설 설치 및 관리에 관한 법률
화재의 발생 방지, 화재의 확산 한계, 화재 시 내화강도 유지, 피난통로 확보를 규정	피난과 소화거점의 확보를 위한 소화설비, 소화활동설비, 경보설비 등으로 구성
하드웨어 개념	소프트웨어 개념

3 용어의 정의

① 건축물

　토지에 정착하는 공작물 중
　• 지붕과 기둥, 지붕과 벽이 있는 것(지붕 + 기둥, 지붕 + 벽, 지붕 + 기둥 + 벽)
　• 건축물에 부수되는 시설물(대문, 담장 등)
　• 지하나 고가의 공작물에 설치하는 사무소, 공연장, 점포, 차고, 창고
　• 그 밖에 대통령령으로 정하는 것

② 건축설비

　건축물에 설치하는
　• 전기·전화설비, 초고속 정보통신설비, 지능형 홈네트워크 설비, 가스·급수·배수·환기·난방·냉방·소화·배연 및 오물처리의 설비

- 굴뚝, 승강기, 피뢰침, 국기 게양대, 공동시청 안테나, 유선방송 수신시설, 우편함, 저수조, 방범시설
- 그 밖에 국토교통부령으로 정하는 설비

③ **지하층**

건축물의 바닥이 지표면 아래에 있는 층으로서 바닥에서 지표면까지의 평균높이가 해당 층 높이의 2분의 1 이상인 것

④ **거실**

건축물 안에서 거주, 집무, 작업, 집회, 오락, 그 밖에 이와 유사한 목적을 위하여 사용되는 방

⑤ **주요구조부**

- 내력벽, 기둥, 바닥, 보, 지붕틀 및 주계단
- 다만, 사이 기둥, 최하층 바닥, 작은 보, 차양, 옥외 계단, 그 밖에 이와 유사한 것으로서 건축물의 구조상 중요하지 아니한 부분은 제외

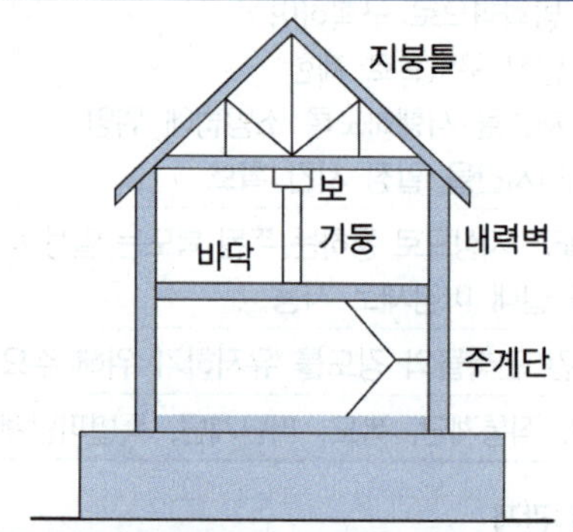

주요구조부의 정의

⑥ **건축**

건축물을 신축 · 증축 · 개축 · 재축하거나 건축물을 이전하는 것

증축	개축	재축
기존 건축물이 있는 대지에서 건축물의 건축면적, 연면적, 층수 또는 높이를 늘리는 것	기존 건축물의 전부 또는 일부(내력벽 · 기둥 · 보 · 지붕틀 중 3개 이상 포함)를 해체하고 그 대지에 종전과 동일한 규모의 범위 안에서 건축물을 다시 축조하는 것	건축물이 천재지변이나 그 밖의 재해로 멸실된 경우에 그 대지에 종전 규모 이하로 다시 축조하는 것

📝 더 알아보기　재축의 요건

- 연면적 합계는 종전 규모 이하로 할 것
- 동수, 층수 및 높이는 다음의 어느 하나에 해당할 것
  - 동수, 층수 및 높이가 모두 종전 규모 이하일 것
  - 동수, 층수 또는 높이의 어느 하나가 종전 규모를 초과하는 경우에는 해당 동수, 층수 및 높이가 건축법령 등에 모두 적합할 것

⑦ 대수선 ★

- 건축물의 기둥, 보, 내력벽, 주계단 등의 구조나 외부 형태를 수선·변경하거나 증설하는 것으로서 대통령령으로 정하는 것
- 대수선은 다음 어느 하나에 해당하는 것으로서 증축·개축 또는 재축에 해당하지 아니하는 것을 말함
  - 내력벽을 증설 또는 해체하거나 그 벽면적을 $30m^2$ 이상 수선 또는 변경하는 것
  - 기둥을 증설 또는 해체하거나 3개 이상 수선 또는 변경하는 것
  - 보를 증설 또는 해체하거나 3개 이상 수선 또는 변경하는 것
  - 지붕틀(한옥의 경우에는 지붕틀의 범위에서 서까래는 제외)을 증설 또는 해체하거나 3개 이상 수선 또는 변경하는 것
  - 방화벽 또는 방화구획을 위한 바닥 또는 벽을 증설 또는 해체하거나 수선 또는 변경하는 것
  - 주계단·피난계단 또는 특별피난계단을 증설 또는 해체하거나 수선 또는 변경하는 것
  - 다가구주택의 가구 간 경계벽 또는 다세대주택의 세대 간 경계벽을 증설 또는 해체하거나 수선 또는 변경하는 것
  - 건축물의 외벽에 사용하는 마감재료를 증설 또는 해체하거나 벽면적 $30m^2$ 이상 수선 또는 변경하는 것

⑧ 리모델링

건축물의 노후화를 억제하거나 기능 향상 등을 위해 대수선하거나 건축물의 일부를 증축 또는 개축하는 행위

⑨ 구조와 재료

내화구조	화재에 견딜 수 있는 성능을 가진 구조
방화구조	화염의 확산을 막을 수 있는 성능을 가진 구조
불연재료	불에 타지 아니하는 성능을 가진 재료
준불연재료	불연재료에 준하는 성질을 가진 재료

02 면적, 높이, 층수 등의 산정 및 제한

1 면적의 산정

건축면적	건축물의 외벽(외벽이 없는 경우에는 외곽 부분의 기둥)의 중심선으로 둘러싸인 부분의 수평투영면적
바닥면적	건축물의 각 층 또는 그 일부로서 벽, 기둥, 그 밖에 이와 비슷한 구획의 중심선으로 둘러싸인 부분의 수평투영면적
연면적	• 하나의 건축물 각 층의 바닥면적의 합계 • 다만, 용적률의 산정에 있어서는 다음에 해당하는 면적은 제외 　- 지하층의 면적 　- 지상층의 주차용(해당 건축물의 부속용도인 경우만 해당)으로 쓰는 면적 　- 초고층 건축물과 준초고층 건축물에 설치하는 피난안전구역의 면적 　- 건축물의 경사지붕 아래에 설치하는 대피공간의 면적

| 건폐율 | 대지면적에 대한 건축면적(대지에 2 이상의 건축물이 있는 경우에는 이들 건축면적의 합계)의 비율 |
| 용적률 | 대지면적에 대한 연면적(대지에 2 이상의 건축물이 있는 경우에는 이들 연면적의 합계)의 비율 |

2 높이의 산정 및 제한

높이 산정의 원칙	건축물의 높이는 지표면으로부터 해당 건축물 상단까지의 높이로 함
건축물의 높이 산정에서 제외되는 부분	• 건축물의 옥상에 설치되는 승강기탑(장애인용 승강기의 승강기탑으로서 그 높이가 12m 이하인 것은 제외)·계단탑·망루·장식탑·옥탑 등으로서 그 수평투영면적의 합계가 해당 건축물 건축면적의 1/8 이하인 경우로서 그 부분의 높이가 12m를 넘는 경우에는 그 넘는 부분만 해당 건축물의 높이에 산입 • 지붕마루장식·굴뚝·방화벽의 옥상돌출부나 그 밖에 이와 비슷한 옥상돌출물 • 난간벽(그 벽면적의 2분의 1 이상이 공간으로 되어 있는 것만 해당) • 장애인용 승강기의 승강탑으로서 그 높이가 12m 이하인 것

3 층수의 산정 및 제한

층수 산정의 원칙	• 건축물의 지상층만을 층수에 산입하며 건축물이 부분에 따라 그 층수가 다른 경우에는 그중 가장 많은 층수를 그 건축물의 층수로 봄 • 층의 구분이 명확하지 아니한 건축물은 높이 4m마다 하나의 층으로 산정
층수 산정에서 제외되는 부분	• 승강기탑(장애인용 승강기의 승강기탑은 제외), 계단탑, 망루, 장식탑, 옥탑, 그 밖에 이와 비슷한 건축물의 옥상 부분으로서 그 수평투영면적의 합계가 해당 건축물 건축면적의 1/8 이하(사업계획승인 대상 공동주택으로 전용면적 85m² 이하인 경우 1/6 이하)인 것 • 지하층 • 장애인용 승강기의 승강탑

03 방화문 및 자동방화셔터

1 방화문

① 화재의 확대, 연소를 방지하기 위해 방화구획의 개구부에 설치하는 문
② 구분 ★

60분+ 방화문	연기 및 불꽃을 차단할 수 있는 시간이 60분 이상이고, 열을 차단할 수 있는 시간이 30분 이상인 방화문
60분 방화문	연기 및 불꽃을 차단할 수 있는 시간이 60분 이상인 방화문
30분 방화문	연기 및 불꽃을 차단할 수 있는 시간이 30분 이상 60분 미만인 방화문

③ 구조

항상 닫혀있는 구조 또는 화재발생 시 불꽃, 연기 및 열에 의하여 자동으로 닫힐 수 있는 구조이어야 함

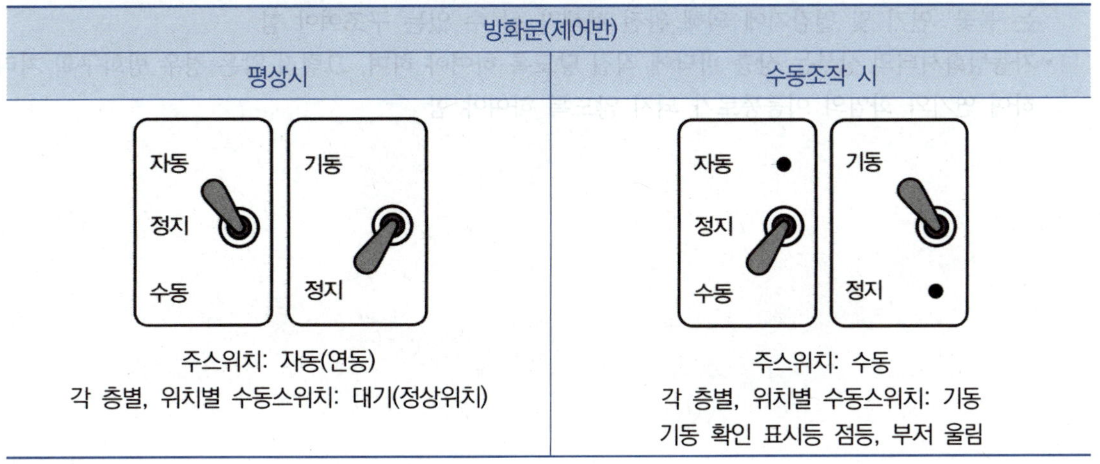

2 자동방화셔터

① 내화구조로 된 벽을 설치하지 못하는 경우 화재 시 연기 및 열을 감지하여 자동 폐쇄되는 셔터

② 설치 ★

- 피난이 가능한 60분+ 방화문 또는 60분 방화문으로부터 3m 이내에 별도로 설치할 것
- 전동방식이나 수동방식으로 개폐할 수 있을 것
- 불꽃감지기 또는 연기감지기 중 하나와 열감지기를 설치할 것
- 불꽃이나 연기를 감지한 경우 일부 폐쇄되는 구조일 것
- 열을 감지한 경우 완전 폐쇄되는 구조일 것

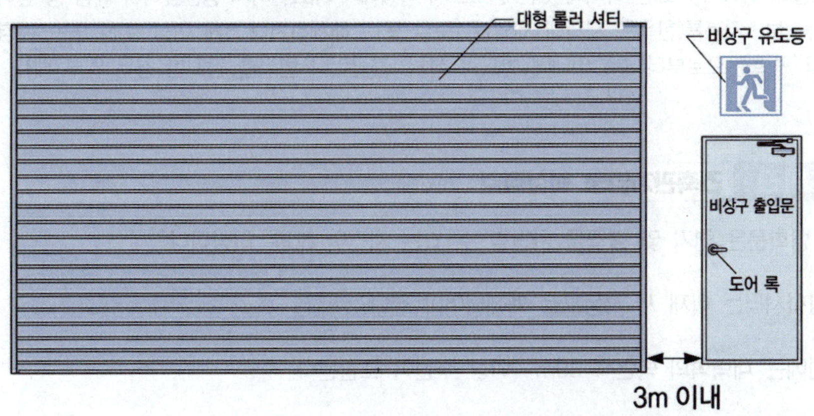

자동방화셔터

③ 구조

- 자동방화셔터는 위 ②에 따른 구조를 가진 것이어야 하나, 수직방향으로 폐쇄되는 구조가 아닌 경우는 불꽃, 연기 및 열감지에 의해 완전 폐쇄가 될 수 있는 구조여야 함
- 자동방화셔터의 상부는 상층 바닥에 직접 닿도록 하여야 하며, 그렇지 않은 경우 방화구획 처리를 하여 연기와 화염의 이동통로가 되지 않도록 하여야 함

★ 단원별 핵심점검

　건축관계법령 핵심요약

- ☑ 건축법의 목적: 건축물의 안전·기능·환경 및 미관 향상 + 공공복리 증진
- ☑ 지하층: 건축물의 바닥이 지표면 아래에 있는 층으로서 바닥에서 지표면까지 평균높이가 해당 층 높이의 1/2 이상인 것
- ☑ 대수선: 기둥·보·지붕틀(한옥은 서까래 제외)을 증설 또는 해체하거나 3개 이상 수선 또는 변경하는 것 등
- ☑ 자동방화셔터: 방화문으로부터 3m 이내에 별도로 설치, 불꽃이나 연기를 감지한 경우 일부 폐쇄, 열을 감지한 경우 완전 폐쇄

　건축관계법령 핵심점검

01　30분 방화문은 연기 및 불꽃을 차단할 수 있는 시간이 60분 이상이다.　(○ , ×)

02　자동방화셔터는 화재 시 자동으로 폐쇄되어야 한다.　(○ , ×)

03　대수선에는 내력벽의 벽면적 30m² 이상 수선이 포함된다.　(○ , ×)

04　방화구획은 화재의 확산을 건물 전체로 허용하는 구조이다.　(○ , ×)

05　건폐율은 대지면적에 대한 연면적의 비율을 말한다.　(○ , ×)

01	×	02	○	03	○	04	×	05	×

CHAPTER 05 단원별 출제예상문제

01

다음 중 건축법 및 소방관련법령에서 정의하는 '지하층'에 대한 설명으로 옳은 것은?

① 건축물의 바닥이 지표면 아래에 있는 층으로서 바닥에서 지표면까지의 평균높이가 해당 층 높이의 3분의 1 이상인 것
② 건축물의 바닥이 지표면 아래에 있는 층으로서 바닥에서 지표면까지의 평균높이가 해당 층 높이의 2분의 1 이상인 것
③ 건축물의 바닥이 지표면 아래에 있는 층으로서 바닥에서 지표면까지의 최고높이가 해당 층 높이의 2분의 1 이상인 것
④ 건축물의 바닥이 지표면 아래에 있는 층으로서 바닥에서 지표면까지의 평균높이가 해당 층 높이와 같은 것

 정답 ②

해설

지하층이란 건축물의 바닥이 지표면 아래에 있고, 바닥에서 지표면까지의 평균높이가 해당 층 높이의 2분의 1 이상인 것을 말한다.

02

다음 중 대수선에 해당하지 않는 것은?

① 보 3개를 수선 또는 변경하는 것
② 지붕틀 3개를 수선 또는 변경하는 것
③ 주계단, 피난계단 또는 특별피난계단을 증설 또는 해체하는 것
④ 기둥 2개를 수선 또는 변경하는 것

 정답 ④

해설

대수선

건축물의 기둥, 보, 내력벽, 주계단 등의 구조나 외부 형태를 수선·변경하거나 증설하는 것으로서 대통령령으로 정하는 것
• 내력벽을 증설 또는 해체하거나 그 벽면적을 30m² 이상 수선 또는 변경하는 것
• 기둥을 증설 또는 해체하거나 3개 이상 수선 또는 변경하는 것
• 보를 증설 또는 해체하거나 3개 이상 수선 또는 변경하는 것
• 지붕틀(한옥의 경우 지붕틀의 범위에서 서까래는 제외)을 증설 또는 해체하거나 3개 이상 수선 또는 변경하는 것
• 방화벽 또는 방화구획을 위한 바닥 또는 벽을 증설 또는 해체하거나 수선 또는 변경하는 것
• 주계단·피난계단 또는 특별피난계단을 증설 또는 해체하거나 수선 또는 변경하는 것
• 다가구주택의 가구 간 경계벽 또는 다세대주택의 세대 간 경계벽을 증설 또는 해체하거나 수선 또는 변경하는 것
• 건축물의 외벽에 사용하는 마감재료를 증설 또는 해체하거나 벽면적 30m² 이상 수선 또는 변경하는 것

03

다음 중 용어의 정의가 바르게 연결된 것은?

① 건폐율: 대지면적에 대한 바닥면적의 비율
② 용적률: 대지면적에 대한 건축면적의 비율
③ 건폐율: 대지면적에 대한 건축면적의 비율
④ 용적률: 건축면적에 대한 바닥면적의 비율

 ③

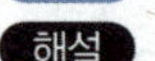

면적의 산정

건폐율	대지면적에 대한 건축면적(대지에 2 이상의 건축물이 있는 경우에는 이들 건축면적의 합계)의 비율
용적률	대지면적에 대한 연면적(대지에 2 이상의 건축물이 있는 경우에는 이들 연면적의 합계)의 비율

04

다음 중 방화문의 등급별 성능기준이 바르게 연결된 것은?

① 30분 방화문: 연기 및 불꽃 차단 시간이 30분 미만인 것
② 60분 방화문: 연기 및 불꽃 차단 시간이 60분 이상인 것
③ 60분+ 방화문: 열 차단 시간만 60분 이상인 것
④ 30분 방화문: 연기 및 불꽃 차단 시간이 60분 이상인 것

정답 ②

해설

방화문의 구분

60분+ 방화문	연기 및 불꽃을 차단할 수 있는 시간이 60분 이상이고, 열을 차단할 수 있는 시간이 30분 이상인 방화문
60분 방화문	연기 및 불꽃을 차단할 수 있는 시간이 60분 이상인 방화문
30분 방화문	연기 및 불꽃을 차단할 수 있는 시간이 30분 이상 60분 미만인 방화문

05

다음 중 자동방화셔터의 설치기준에 대한 설명으로 가장 옳지 않은 것은?

① 내화구조로 된 벽을 설치하지 못하는 경우에 설치한다.
② 피난이 가능한 방화문으로부터 5m 이내에 별도로 설치해야 한다.
③ 전동방식이나 수동방식으로 개폐할 수 있어야 한다.
④ 화재 시 연기 및 열을 감지하여 자동으로 폐쇄되는 구조여야 한다.

정답 ②

자동방화셔터는 피난이 가능한 60분+ 방화문 또는 60분 방화문으로부터 3m 이내에 별도로 설치해야 한다.

02

소방학개론

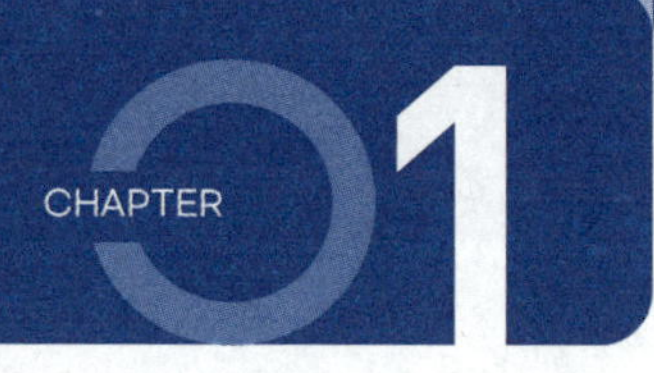

CHAPTER **01**

연소이론

01 연소의 정의

1 연소의 정의
가연물이 공기 중의 산소 또는 산화제와 급격히 반응하여 열과 빛을 발생하면서 산화하는 현상

2 연소의 3요소

가연물	고체, 액체, 기체를 통틀어 산화되기 쉬운 물질
산소공급원 ★	• 산소, 공기 • 산화성 물질: 제1류 위험물, 제6류 위험물 • 자기반응성 물질: 제5류 위험물
점화원	• 가연물과 산소공급원이 적절한 조화를 이루어 연소범위를 만들었을 때 외부로부터 필요한 최소한의 점화에너지 • 전기불꽃, 충격 및 마찰, 단열압축, 불꽃 및 고온표면, 정전기 불꽃, 자연발화, 복사열 등

📝 더 알아보기 **연소의 요소**

연소의 3요소	가연물, 산소공급원, 점화원
연소의 4요소	가연물, 산소공급원, 점화원, 연쇄반응

3 가연물의 구비조건 ★
① 화학반응을 일으킬 때 필요한 활성화에너지(최소 점화에너지)의 값이 작아야 함
② 일반적으로 산화되기 쉬운 물질로서 산소와 결합할 때 발열량이 커야 함
③ 열의 축적이 용이하도록 열전도도가 작아야 함
④ 조연성 가스인 산소·염소와의 친화력이 강해야 함
⑤ 산소와 접촉할 수 있는 표면적이 큰 물질이어야 함(기체 > 액체 > 고체)
⑥ 연쇄반응을 일으킬 수 있는 물질이어야 함

📝 더 알아보기 **가연물이 될 수 없는 조건**

• 불활성 기체: 산소와 결합하지 못하는 기체(예 헬륨, 네온, 아르곤 등)
• 산소와 화학반응을 일으킬 수 없는 물질: 물, 이산화탄소 등
• 산소와 화합하여 흡열반응하는 물질: 질소 또는 질소산화물 등
• 자체가 연소하지 않는 물질: 돌, 흙 등

4 **정전기에 의한 재해를 방지하기 위한 예방대책**

① 정전기의 발생이 우려되는 장소에 접지시설을 함
② 실내의 공기를 이온화하여 정전기의 발생을 예방함
③ 정전기는 습도가 낮거나 압력이 높을 때 많이 발생하므로 습도를 70% 이상으로 함
④ 전기 저항이 큰 물질은 대전이 용이하므로 전도체 물질을 사용함

5 **연쇄반응**

① 가연성 물질과 산소 분자가 점화에너지(활성화에너지)를 받으면 불안정한 과도기적 물질로 나누어지면서 활성화됨
② 물질이 활성화된 상태를 라디칼(radical)이라고 하고, 반응성이 매우 강함
③ 화염이 발생하는 일반적인 연소에서는 연소의 4요소(가연물, 산소공급원, 점화원, 연쇄반응)가 적용
④ 무염연소(표면연소)에서는 연쇄반응이 빠진 3요소(가연물, 산소공급원, 점화원)만이 적용

02 연소 용어

1 인화점

① 점화원이 있을 때 불이 붙는 최저온도
② 가연성 증기가 연소범위 하한에 도달하는 최저온도
③ 액체가연물질의 인화점(℃)

아세톤	−18.5℃	메틸알코올	11.11℃
휘발유	−43℃	에틸알코올	13℃
등유	39℃ 이상	중유	70℃ 이상

④ 액체와 고체의 인화현상의 차이점

구분	액체	고체
가연성 가스 공급	증발과정	열분해과정
인화에 필요한 에너지	적음	큼

2 발화점

① 점화원이 없을 때 스스로 열의 축적에 의해 불이 붙는 최저온도
② 발화점은 낮을수록 위험함
③ 액체가연물질의 발화점(℃)

아세톤	465℃	중유	400℃ 이상
휘발유	280 ~ 456℃	메틸알코올	464℃
등유	210℃	암모니아	651℃

3 연소점

① 물질이 점화원에 의해 불이 붙고, 점화원을 제거해도 지속적으로 연소가 가능한 온도
② 불이 계속 타는 온도

4 연소범위

① 가연성 증기와 공기와의 혼합 상태, 즉 가연성 혼합기가 연소할 수 있는 범위
② 연소농도의 최저 한도를 하한, 최고 한도를 상한이라고 함
③ 가연성 증기의 연소범위(vol%)

수소	4.1 ~ 75vol%	메틸알코올	6 ~ 36vol%
아세틸렌	2.5 ~ 81vol%	암모니아	15 ~ 28vol%
중유	1 ~ 5vol%	아세톤	2.5 ~ 12.8vol%
등유	0.7 ~ 5vol%	휘발유	1.2 ~ 7.6vol%

5 증기비중

① 같은 온도, 같은 압력하에서 동 부피의 공기의 무게에 비교한 것
② 증기비중이 1보다 큰 기체는 공기보다 무겁고 1보다 작으면 공기보다 가벼움

★ 단원별 핵심점검

이것만은 꼭　연소이론 핵심요약

☑ 연소의 3요소: 가연물 + 산소공급원 + 점화원 / 4요소: 연소의 3요소 + 연쇄반응
☑ 가연물 조건: 활성화에너지↓, 발열량↑, 열전도도↓, 산소친화력↑, 표면적↑
☑ 연소범위: 아세틸렌(2.5 ~ 81vol%), 수소(4.1 ~ 75vol%)
☑ 인화점(불이 잠깐 붙는 온도) < 연소점(계속 붙어 있는 온도) < 발화점(스스로 붙는 온도)

○× 빠른 체크　연소이론 핵심점검

01 가연물의 열전도도가 클수록 연소가 잘 된다. (○ , ×)

02 연소의 4요소에는 연쇄반응이 포함된다. (○ , ×)

03 산소공급원으로 질소(N_2)가 사용될 수 있다. (○ , ×)

04 기체 가연물이 고체보다 표면적이 크므로 연소가 용이하다. (○ , ×)

05 정전기에 의한 재해 방지를 위해 접지를 실시한다. (○ , ×)

01	×	02	○	03	×	04	○	05	○

01

다음 중 가연물질의 구비조건으로 옳은 것은?

① 발열량이 작다.
② 표면적이 작다.
③ 산소와의 친화력이 약하다.
④ 열전도율이 작다.

정답 ④

해설

가연물의 구비조건
• 화학반응을 일으킬 때 필요한 활성화에너지(최소 점화에너지)의 값이 작아야 한다.
• 일반적으로 산화되기 쉬운 물질로서 산소와 결합할 때 발열량이 커야 한다.
• 열의 축적이 용이하도록 열전도도가 작아야 한다.
• 조연성 가스인 산소 · 염소와의 친화력이 강해야 한다.
• 산소와 접촉할 수 있는 표면적이 큰 물질이어야 한다(기체 > 액체 > 고체).
• 연쇄반응을 일으킬 수 있는 물질이어야 한다.

02

다음 중 산소공급원의 역할을 할 수 없는 것은?

① 환원제
② 산화제
③ 제1류 위험물
④ 제5류 위험물

정답 ①

해설

환원제는 산화제와 반대로 상대 물질을 환원시키면서 자신은 산화되는 물질로, 연소의 관점에서는 주로 연료(가연물) 역할을 한다.

03

연소의 요소에 대한 설명으로 가장 옳지 않은 것은?

① 연소의 3요소는 가연물, 산소공급원, 점화원이다.
② 연소의 4요소는 3요소에 '연쇄반응'을 추가한 것이다.
③ 점화원은 가연물에 에너지를 공급하여 연소를 시작하게 하는 열원을 말한다.
④ 산소공급원은 오직 대기 중의 공기만을 의미하며, 다른 위험물은 해당되지 않는다.

정답 ④

해설

산소공급원의 종류
• 산소, 공기
• 산화성 물질: 제1류 위험물, 제6류 위험물
• 자기반응성 물질: 제5류 위험물

04

다음 중 에틸알코올의 인화점으로 옳은 것은?

① -18℃

② 13℃

③ 11℃

④ 70℃

에틸알코올의 인화점은 13℃이다.

05

다음 중 아세틸렌의 연소범위로 옳은 것은?

① 4.1 ~ 75vol%

② 1 ~ 5vol%

③ 2.5 ~ 81vol%

④ 0.7 ~ 5vol%

가연성 증기의 연소범위

수소	4.1 ~ 75vol%	메틸알코올	6 ~ 36vol%
아세틸렌	2.5 ~ 81vol%	암모니아	15 ~ 28vol%
중유	1 ~ 5vol%	아세톤	2.5 ~ 12.8vol%
등유	0.7 ~ 5vol%	휘발유	1.2 ~ 7.6vol%

06

연소범위에서 외부의 직접적인 점화원에 의해 인화될 수 있는 최저온도를 무엇이라 하는가?

① 인화점

② 발화점

③ 연소점

④ 착화점

인화점이란 가연성 액체 또는 고체가 공기 중에 그 표면 가까이에 인화하는 데 충분한 농도의 증기가 생기는 최저온도이며, 외부의 직접적인 점화원( 불꽃, 불티 등)에 의해 처음으로 불꽃을 발생시킬 수 있는 최저온도를 의미한다.

CHAPTER

화재이론

01 화재의 정의

사람의 의도에 반하거나 고의 또는 과실에 의하여 발생하는 연소현상으로서 소화할 필요가 있는 현상 또는 사람의 의도에 반하여 발생하거나 확대된 화학적 폭발현상

02 화재의 분류 ★★

급수	명칭(화재)	종류	소화방법
A	일반	목재, 섬유 등	냉각소화
B	유류	유류, 가스 등	질식 · 냉각소화
C	전기	낙뢰, 합선 등	이산화탄소, 분말소화약제
D	금속	알루미늄, 나트륨, 칼륨 등	금속화재용 분말소화약제, 마른모래(건조사)
K	주방	동식물유를 취급하는 조리기구	비누화작용 및 냉각작용 동시에 필요

03 열 전달

전도	화재 시 화염과 격리된 인접 가연물에 불이 옮겨 붙는 것은 전도열로서 하나의 물체가 다른 물체와 직접 접촉하여 전달
대류	기체 혹은 액체와 같은 유체의 흐름에 의하여 열이 전달
복사	• 화재 시 열의 이동에 가장 크게 작용하는 열 이동방식으로 모든 물체의 온도 때문에 열에너지를 파장의 형태로 계속적으로 방사하며, 그렇게 방사하는 에너지를 열복사라 함 • 화염의 접촉 없이 연소가 확산되는 것은 복사열에 의한 것으로, 화재현장에서 인접 건물을 연소시키는 주된 원인이 됨

① 건축재료, 가구, 의류 등 유기가연물은 일반적으로 화재열을 받으면 열분해한 다음 공기 중의 산소와 반응하여 연소하며 여러 가지 생성물을 발생시킴

더 알아보기　연소물질과 연소생성가스

연소물질	연소생성가스
탄화수소류 등	일산화탄소 및 탄산가스
셀룰로이드, 폴리우레탄 등	질소산화물
질소성분을 갖고 있는 모사, 비단, 피혁 등	사이안화수소
PVC, 방염수지, 플루오린화수지 등의 할로겐화합물	HF, HCl, HBr, 포스겐 등
멜라민, 나일론, 요소수지 등	암모니아
폴리스티렌(스티로폼) 등	벤젠

② 연기
- 실내 가연물에 열분해를 일으켜서 방출시키는 열분해 생성물 및 미반응 분해물
- 일종의 불완전한 연소생성물로 산소 공급이 불충분하게 되면 탄소분이 생성하여 검은색 연기로 됨
- 인체에 미치는 영향
  - 시야를 감퇴하며 피난행동 및 소화활동을 저해
  - 연기성분 중 유독물(일산화탄소, 포스겐 등)의 발생으로 생명이 위험함
  - 정신적으로 긴장 또는 패닉현상에 빠지게 되는 2차적 재해의 우려가 있음
  - 최근 건물화재의 특징은 방염처리된 물질을 사용하여 연소 그 자체는 억제되고 있지만 다량의 연기입자 및 유독가스를 발생시키는 특징이 있음

③ 연기의 유동 및 확산 ★

수평 방향	수직 방향	계단실 내의 수직이동속도
0.5 ~ 1m/sec	2 ~ 3m/sec	3 ~ 5m/sec

④ 일산화탄소와 이산화탄소

일산화탄소(CO)	• 무색 · 무취 · 무미의 환원성이 강한 가스로서 상온에서 염소와 작용하여 유독성 가스인 포스겐($COCl_2$)을 생성 • 인체 내의 헤모글로빈과 결합하여 산소의 운반기능을 약화시켜 질식하게 함
이산화탄소(CO_2)	• 무색 · 무미의 기체로서 공기보다 무거우며 가스 자체는 독성이 거의 없음 • 다량이 존재할 때 사람의 호흡 속도를 증가시키고 혼합된 유해 가스의 흡입을 증가시켜 위험을 가중시킴

농도(ppm)	인체에 미치는 영향
50	허용농도
200	2 ~ 3시간 내에 가벼운 두통
400	1 ~ 2시간 내 앞 두통, 2.5 ~ 3.5시간 내 후 두통
800	45분 내 두통, 메스꺼움, 구토, 2시간 내 실신
1,600	20분 내 두통, 메스꺼움, 구토 기분, 2시간에서부터 사망
3,200	5 ~ 10분에 두통, 메스꺼움, 30분에서부터 사망
6,400	1 ~ 2분에 두통, 메스꺼움, 10 ~ 15분에서부터 사망
12,800	1 ~ 3분에서부터 사망

05　건물 화재성상 ★

1　건물 화재 특성

① 건물 화재는 화원이 가연물에 착화되면서 시작되며, 초기에는 수직으로 있는 가연물로 서서히 연소가 진행

② 천장으로 타들어가는 것에 의해 본격적인 화재로 발전

③ 다시 확대되면 옆방으로 연소하여 건물 전체의 화재가 되며, 경우에 따라 인접 건물까지도 연소시킴

2　화재성상 단계

초기	실내의 온도가 아직 크게 상승하지 않은 단계
성장기	실내 전체가 화염에 휩싸이는 플래시오버(Flash Over) 상태
최성기	• 내화구조: 최성기까지 20 ~ 30분 소요, 실내온도 800 ~ 1,050℃에 달함 • 목조건물: 최성기까지 약 10분 소요, 실내온도 1,100 ~ 1,350℃에 달함 • 실내 전체에 화염이 충만하고, 연소가 최고조에 달하는 단계
감쇠기	최성기 이후 가연물은 대부분 타버리고 화세가 감쇠하면서 온도는 점차 내려감

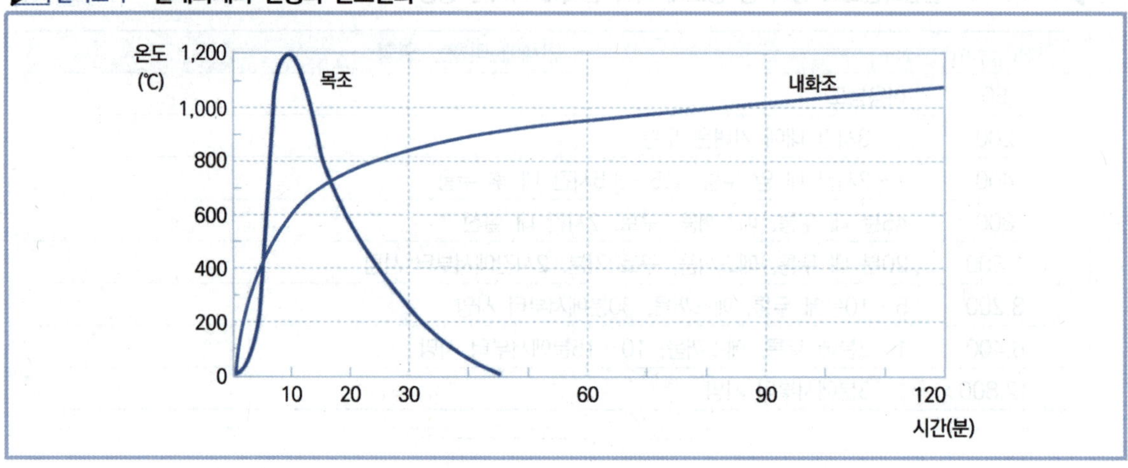

★ 단원별 핵심점검

이것만은 꼭   화재이론 핵심요약

- ☑ 화재분류: A(일반/냉각), B(유류/질식 · 냉각), C(전기/CO_2 · 분말), D(금속/건조사), K(주방/비누화 및 냉각)
- ☑ 열전달: 전도(직접 접촉), 대류(유체 흐름), 복사(전자파 · 적외선)
- ☑ 연기유동: 수평 0.5 ~ 1m/sec, 수직 2 ~ 3m/sec
- ☑ 건물 화재성상 단계: 초기 → 성장기(플래시오버) → 최성기 → 감쇠기

○× 빠른 체크   화재이론 핵심점검

01   K급 화재는 금속화재를 말한다.   (○ , ×)

02   복사는 매개물 없이 전자파로 열이 전달되는 현상이다.   (○ , ×)

03   연기의 수직 유동속도는 수평보다 느리다.   (○ , ×)

04   플래시오버 후 최성기에 진입하며 연소가 최고조에 달한다.   (○ , ×)

05   이산화탄소는 인체 내의 헤모글로빈과 결합하여 산소의 운반기능을 약화시킨다.   (○ , ×)

06   건물화재의 성상단계는 '초기 → 성장기 → 최성기 → 감쇠기'이다.   (○ , ×)

01	×	02	○	03	×	04	○	05	×	06	○

01

다음 중 비누처럼 화재 표면에 막을 형성하여 소화하는 방법으로 식용유와 같은 주방화재에 적응성이 있는 화재의 종류로 옳은 것은?

① B급 화재　　　　　　　　　　　　② K급 화재
③ C급 화재　　　　　　　　　　　　④ D급 화재

정답 ②

해설

화재의 분류

급수	명칭(화재)	종류	소화방법
A	일반	목재, 섬유 등	냉각소화
B	유류	유류, 가스 등	질식 · 냉각소화
C	전기	낙뢰, 합선 등	이산화탄소, 분말소화약제
D	금속	알루미늄, 나트륨, 칼륨 등	금속화재용 분말소화약제, 마른모래(건조사)
K	주방	동식물유를 취급하는 조리기구	비누화작용 및 냉각작용 동시에 필요

02

화재 시 하나의 물체가 다른 물체와 '직접 접촉'하여 열이 전달되는 현상을 무엇이라 하는가?

① 전도　　　　　　　　　　　　　　② 대류
③ 복사　　　　　　　　　　　　　　④ 승화

정답 ①

해설

전도: 화재 시 화염과 격리된 인접 가연물에 불이 옮겨 붙는 것은 전도열로서 하나의 물체가 다른 물체와 직접 접촉하여 전달되는 것을 말한다.

03

다음 중 연기의 유동 및 확산속도에 대한 설명으로 옳은 것은?

① 계단실 내에서 수직방향 이동속도는 0.5 ~ 1m/s로 느리게 이동한다.
② 수직방향 이동속도는 0.5 ~ 1m/s이다.
③ 수평방향 이동속도는 2 ~ 3m/s이다.
④ 연기는 수평방향보다 수직방향으로 빠르게 이동한다.

정답 ④

해설

연기의 유동 및 확산은 벽 및 천장을 따라 진행하며, 일반적으로 이동속도는 수평방향 0.5 ~ 1m/sec, 수직방향 2 ~ 3m/sec, 계단실 내의 수직이동속도 3 ~ 5m/sec이다.

04

다음 중 화재의 성상단계에 대한 설명으로 옳은 것은?

① 실내 연기의 양이 작아지고 화염이 확대되어 개구부 밖으로 분출되는 시기는 감쇠기이다.
② 화재 초기는 실내의 온도가 아직 크게 상승하지 않은 단계이다.
③ 개구부로 들어오는 산소의 양이 연료의 양보다 훨씬 많은 시기는 최성기이다.
④ 실내 전체가 화염으로 휩싸이는 플래시오버 현상은 최성기에서 일어난다.

 ②

 해설

건물화재의 성상단계

초기	실내의 온도가 아직 크게 상승하지 않은 단계
성장기	실내 전체가 화염에 휩싸이는 플래시오버 상태
최성기	• 내화구조: 최성기까지 20 ~ 30분 소요, 실내온도 800 ~ 1,050℃에 달함 • 목조건물: 최성기까지 10분 소요, 실내온도 1,100 ~ 1,350℃에 달함 • 실내 전체에 화염이 충만하고, 연소가 최고조에 달하는 단계
감쇠기	최성기 이후 가연물은 대부분 타버리고 화세가 감쇠하면서 온도는 점차 내려감

05

다음 중 실내 전체에 화염이 충만하며, 연소가 최고조에 달하는 시기로 옳은 것은?

① 초기
③ 성장기
② 감쇠기
④ 최성기

 ④

해설

최성기
• 실내 전역이 화염로 가득 차는 전면연소(완전 발달 화재) 단계
• 연소가 가장 격렬하고, 온도 · 열 방출률이 최고조
• 연기층이 두껍고 복사열이 극심해 인명 대피가 거의 불가능해지는 구간

06

다음 중 건물화재의 성상단계로 옳은 것은?

① 초기 → 성장기 → 최성기 → 감쇠기
③ 초기 → 최성기 → 성장기 → 감쇠기
② 초기 → 성장기 → 감쇠기 → 최성기
④ 초기 → 감쇠기 → 성장기 → 최성기

정답 ①

해설

건물화재의 성상단계: 초기 → 성장기 → 최성기 → 감쇠기

CHAPTER 03 소화이론

01 소화의 종류 및 소화방법 ★

구분	소화방법	종류
냉각소화	점화원을 활성화에너지 값 이하로 낮게 하는 소화방법	물 소화기, 강화액 소화기 등
질식소화	가연물질에 산소공급을 차단시켜 소화하는 방법	이산화탄소 소화약제, 포소화약제, 분말 소화약제 등
제거소화	가연물질을 화재장소로부터 안전한 장소로 이동 또는 제거함으로써 소화하는 방법	가연성 가스화재 시 가스밸브 차단, 전기 화재 시 전기 차단 등
억제소화	연쇄반응을 차단하여 소화하는 방법	할로겐화합물소화약제, 할론소화약제

※ 할로겐화합물소화약제 효과: 부촉매효과(억제효과), 질식효과, 냉각효과

🖉 더 알아보기 제거요소별 소화방법

가연물	산소	열	연쇄반응
제거소화	질식소화	냉각소화	억제소화

★ 단원별 핵심점검

이것만은 꼭 소화이론 핵심요약

- ☑ 냉각소화: 점화원의 활성화에너지↓(물 소화기)
- ☑ 질식소화: 산소공급 차단(CO_2, 포, 분말)
- ☑ 제거소화: 가연물 제거(가스밸브 및 전기 차단)
- ☑ 억제소화(부촉매효과): 연쇄반응 차단(할로겐화합물)

○✕ 빠른 체크 소화이론 핵심점검

01 냉각소화는 산소공급을 차단하여 소화하는 방법이다. (○ , ✕)

02 가스화재 시 가스밸브를 차단하는 것은 제거소화에 해당한다. (○ , ✕)

03 할로겐화합물소화약제의 주요 효과는 억제효과(부촉매효과)이다. (○ , ✕)

04 할로겐화합물소화약제에는 냉각효과가 전혀 없다. (○ , ✕)

01	✕	02	○	03	○	04	✕

단원별 출제예상문제

01

다음 중 연소하고 있는 가연물로부터 열을 빼앗아 착화온도를 낮추는 소화방법은?

① 냉각소화
② 질식소화
③ 억제소화
④ 제거소화

정답 ①

해설

냉각소화: 연소하고 있는 가연물로부터 열을 빼앗아 연소물을 착화온도 이하로 내리는 소화방법을 말한다.

02

화염이 발생하는 연소반응을 주도하는 라디칼을 제거하여 연쇄반응을 중단시키는 소화방법은?

① 제거소화
② 질식소화
③ 냉각소화
④ 억제소화

정답 ④

해설

억제소화: 화염 중에서 연소반응을 주도하는 활성 라디칼을 제거하거나 반응을 방해하여, 연쇄반응을 중단시키는 소화방법을 말한다.

03

할로겐화합물소화약제의 주요 소화효과에 해당하지 않는 것은?

① 부촉매효과(억제효과)
② 냉각효과
③ 질식효과
④ 제거효과

정답 ④

해설

할로겐화합물소화기약제의 소화효과에는 부촉매효과(억제효과), 질식효과, 냉각효과가 있다.

03

화기취급 감독 및
화재위험작업 허가 · 관리

CHAPTER

화기취급작업 안전관리규정

01 화기취급작업

화기취급작업이란 용접, 용단, 연마, 땜, 드릴 등 화염 또는 불꽃을 발생시키는 작업 또는 가연성 물질의 점화원이 될 수 있는 모든 기기를 사용하는 작업을 말함

🔖 더 알아보기 화재의 예방 및 안전관리에 관한 법률 관련 내용

화재의 예방 및 안전관리에 관한 법률 제17조(화재의 예방조치 등) ④ 보일러, 난로, 건조설비, 가스 · 전기시설, 그 밖에 화재 발생 우려가 있는 대통령령으로 정하는 설비 또는 기구 등의 위치 · 구조 및 관리와 화재 예방을 위하여 불을 사용할 때 지켜야 하는 사항은 대통령령으로 정한다.
화재의 예방 및 안전관리에 관한 법률 시행령 제18조(불을 사용하는 설비의 관리기준 등) ① 법 제17조 제4항에서 "대통령령으로 정하는 설비 또는 기구 등"이란 다음 각 호의 설비 또는 기구를 말한다.
1. 보일러
2. 난로
3. 건조설비
4. 가스 · 전기시설
5. 불꽃을 사용하는 용접 · 용단 기구
6. 노(爐) · 화덕설비
7. 음식조리를 위하여 설치하는 설비

02 산업안전보건기준에 의한 화재위험작업 시 준수사항

① 사업주는 위험물이 있어 폭발이나 화재가 발생할 우려가 있는 장소 또는 그 상부에서 불꽃이나 아크를 발생하거나 고온으로 될 우려가 있는 화기 · 기계 · 기구 및 공구 등을 사용해서는 아니 됨
② 사업주는 위험물, 위험물 외의 인화성 유류 또는 인화성 고체가 있을 우려가 있는 배관 · 탱크 또는 드럼 등의 용기에 대하여 사전에 해당 위험물질을 제거하는 등 화재 및 폭발 예방조치를 한 후가 아니면 화재위험작업을 할 수 없음
③ 통풍이나 환기가 충분하지 않은 장소에서 화재위험작업을 하는 경우에는 통풍 및 환기를 위하여 산소 사용이 불가하며, 가연성 물질이 있는 장소에서 화재위험작업을 하는 경우에는 다음의 사항을 준수함
  • 작업준비 및 작업절차 수립
  • 작업장 내 위험물의 사용, 보관 현황 파악
  • 화기작업에 따른 인근 가연성 물질에 대한 방호조치 및 소화기구 비치
  • 용접불티 비산방지덮개, 용접방화포 등 불꽃, 불티 등 비산방지 조치

- 인화성 액체의 증기 및 인화성 가스가 남아 있지 않도록 환기 등의 조치
- 작업근로자에 대한 화재예방 및 피난교육 등 비상조치

④ 불꽃·불티 등의 비산방지 등 안전조치 이행 후 작업자에게 화재위험작업을 하도록 해야 함

⑤ 화재위험작업이 시작되는 시점부터 종료될 때까지 [작업내용, 작업일시, 안전점검 및 조치]에 관한 사항을 작업장소에 서면으로 게시하여야 함(다만, 같은 장소에서 상시·반복적으로 화재위험작업을 하는 경우에는 생략 가능)

⑥ 다음의 어느 하나에 해당하는 장소에서 용접·용단 작업을 하도록 하는 경우에는 화재감시자를 지정하여 용접·용단 작업장소에 배치해야 함(다만, 같은 장소에서 상시·반복적으로 용접·용단 작업을 할 때 경보용 설비·기구, 소화설비 또는 소화기가 갖추어진 경우에는 화재감시자를 지정·배치하지 않을 수 있음)
  - 작업 반경 11m 이내에 건물구조 자체나 내부(개구부 등으로 개방된 부분을 포함)에 가연성 물질이 있는 장소
  - 작업 반경 11m 이내의 바닥 하부에 가연성 물질이 11m 이상 떨어져 있지만 불꽃에 의해 쉽게 발화될 우려가 있는 장소
  - 가연성 물질이 금속으로 된 칸막이·벽·천장 또는 지붕의 반대쪽 면에 인접해 있어 열전도나 열복사에 의해 발화될 우려가 있는 장소

⑦ 화로, 가열로, 가열장치, 소각로, 철제굴뚝, 화재를 일으킬 위험이 있는 설비 및 건축물과 인화성 액체 사이에는 안전거리를 유지하거나 불연성 물체를 차열재료로 방호하여야 함

⑧ 흡연장소 및 난로 등 화기를 사용하는 장소에 화재예방에 필요한 설비를 설치해야 하며, 화기를 사용한 사람은 불티가 남지 않도록 뒤처리를 확실하게 해야 함

⑨ 소각장을 설치하는 경우 화재가 번질 위험이 없는 위치에 설치하거나 불연성 재료로 설치해야 함

1 아크용접과 가스용접

아크용접	가스용접
• 청백색의 강렬한 빛과 열을 냄 • 온도가 가장 높은 부분의 최고온도는 약 6,000℃ • 일반적으로 3,500 ~ 5,000℃ 정도의 고열 발생	• 가연성 가스와 산소와의 반응에서 생기는 가스연소열을 용접의 열원으로 사용 • 가연성 가스의 종류: 아세틸렌, 프로판, 부탄, 수소 등

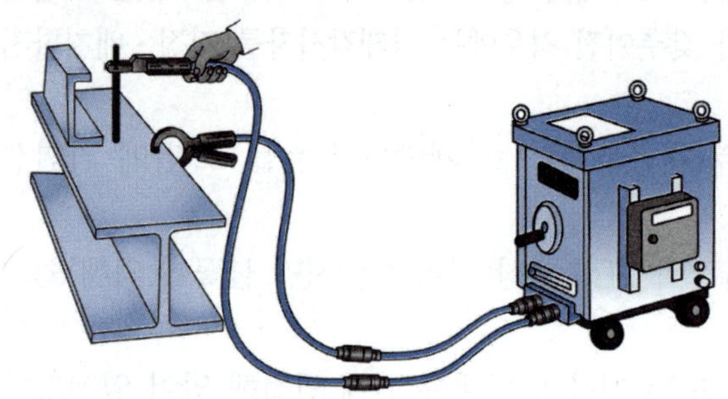

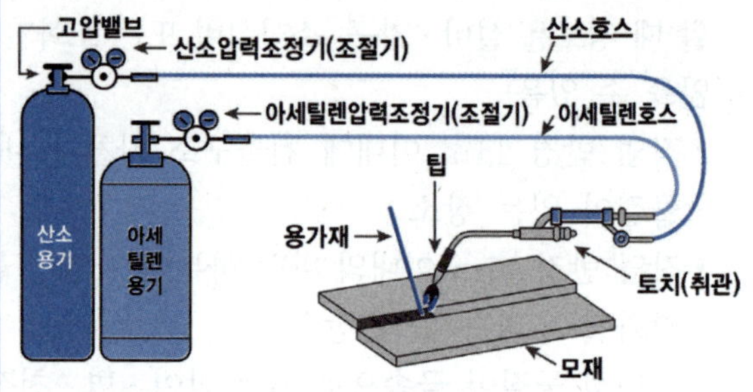

2 용접작업의 화재 위험성

① 스패터 현상
- 용접 시 작은 용적(불티)이 비산되는 현상
- 아크용접에서는 가스 폭발, 아크 휨, 긴 아크 등이 원인
- 가스용접(용단)에서는 불꽃의 세기가 강할수록 발생률이 높아짐
- 비산불꽃의 증가는 화재·폭발 위험성을 높이는 주요 원인이 됨

② 비산불티 특성
- 비산거리: 실내 무풍 시 약 11m
- 불티의 적열 온도: 1,600℃ 이상
- 점화원에 의한 고체가연물의 발화온도: 약 250 ~ 450℃

🖊 더 알아보기   용접(용단)작업 시 비산불티의 특성

- 용접(용단)작업 시 수천 개의 비산된 불티 발생
- 비산불티는 풍향, 풍속 등에 의해 비산거리 상이
- 비산불티는 약 1,600℃ 이상의 고온체
- 발화원이 될 수 있는 비산불티의 크기의 직경은 약 0.3 ~ 3mm
- 비산불티는 짧게는 작업과 동시에부터 수 분 사이, 길게는 수 시간 이후에도 화재 가능성이 있음
- 용접(용단)작업 시 작업높이, 철판두께, 풍속 등에 따른 불티의 비산거리는 조건 및 환경에 따라 상이

04 용접·용단작업자의 주요 재해발생원인 및 대책

구분	주요 발생원인	대책
화재	불꽃비산	• 불꽃받이나 방염시트 사용 • 불꽃비산구역 내 가연물 제거 및 정리·정돈 • 소화기 비치
	열을 받은 용접 부분의 뒷면에 있는 가연물	• 용접부 뒷면 점검 • 작업종료 후 점검
폭발	토치나 호스에서 가스누설	• 가스누설이 없는 토치나 호스 사용 • 좁은 구역에서 작업 시 휴게시간에 토치를 공기의 유통이 좋은 장소에 둠 • 호스접속 시 실수가 없도록 호스에 명찰 부착
	드럼통이나 탱크 용접, 절단 시 잔류 가능성 가스 증기의 폭발	내부에 가스나 증기가 없는 것을 확인
	역화	• 정비된 토치와 호스 사용 • 역화방지기 설치
화상	토치나 호스에서 산소누설	산소누설이 없는 호스 사용
	산소를 공기 대신으로 환기나 압력 시험용으로 사용	• 산소의 위험성 교육 실시 • 소화기 비치

★ 단원별 핵심점검

이것만은 꼭   화기취급작업 안전관리규정 핵심요약

- ☑ 화기취급작업: 용접·용단·연마·땜·드릴 등 화염 또는 불꽃을 발생시키는 작업
- ☑ 용접의 분류: 가스용접, 아크용접, 특수용접
- ☑ 비산불티 특성: 실내 무풍 시 비산거리 약 11m, 비산불티의 크기 직경은 약 0.3~3mm
- ☑ 역화 방지: 역화방지기 설치

○× 빠른 체크   화기취급작업 안전관리규정 핵심점검

01 용접·용단작업은 화기취급작업에 포함된다. (○ , ×)

02 가연성 물질이 있는 장소에서도 화재위험작업이 허용된다. (○ , ×)

03 역화를 방지하기 위해 역화방지기를 설치한다. (○ , ×)

04 불꽃비산 시 불꽃받이나 방염시트를 사용한다. (○ , ×)

01	○	02	×	03	○	04	○

01

가연성 물질이 있는 장소에서 화재위험작업을 할 때 준수해야 할 사항으로 옳지 않은 것은?

① 작업장 내 위험물의 사용 및 보관현황을 사전에 파악한다.
② 인근 가연성 물질에 대한 방호조치를 하고 소화기구를 비치한다.
③ 용접불티 비산방지덮개나 용접방화포 등을 사용하여 비산방지 조치를 한다.
④ 작업 속도를 위해 근로자에 대한 피난교육 등 비상조치 교육은 생략한다.

정답 ④

해설
작업근로자에 대한 화재예방 및 피난교육 등 비상조치를 해야 한다.

02

용접·용단작업 시 화재감시자 배치 기준에서 괄호 안에 들어갈 숫자로 옳은 것은?

> 작업 반경 (가)m 이내의 바닥 하부에 가연성 물질이 (나)m 이상 떨어져 있지만 불꽃에 의해 쉽게 발화될 우려가 있는 장소에는 화재감시자를 배치해야 한다.

	(가)	(나)
①	5	5
②	11	5
③	11	11
④	15	15

정답 ③

해설
용접·용단작업 시 화재감시자 배치 기준
작업 반경 11m 이내의 바닥 하부에 가연성 물질이 11m 이상 떨어져 있지만 불꽃에 의해 쉽게 발화될 우려가 있는 장소에서 용접·용단작업을 하도록 하는 경우에는 화재감시자를 지정하여 용접·용단작업장소에 배치해야 한다.

03

용접 · 용단작업 시 발생하는 '역화' 사고를 방지하기 위한 대책으로 가장 적절한 것은?

① 불꽃받이나 방염시트를 사용한다.
② 역화방지기를 설치하고 정비된 토치와 호스를 사용한다.
③ 산소를 공기 대신 환기용으로 사용한다.
④ 호스접속 시 실수가 없도록 호스에 명찰을 부착한다.

정답 ②

해설

용접 · 용단작업자의 주요 재해발생원인 및 대책

구분	주요 발생원인	대책
화재	불꽃비산	• 불꽃받이나 방염시트 사용 • 불꽃비산구역 내 가연물 제거 및 정리 · 정돈 • 소화기 비치
	열을 받은 용접 부분의 뒷면에 있는 가연물	• 용접부 뒷면 점검 • 작업종료 후 점검
폭발	토치나 호스에서 가스누설	• 가스누설이 없는 토치나 호스 사용 • 좁은 구역에서 작업 시 휴게시간에 토치를 공기의 유통이 좋은 장소에 둠 • 호스접속 시 실수가 없도록 호스에 명찰 부착
	드럼통이나 탱크 용접, 절단 시 잔류 가능성 가스 증기의 폭발	내부에 가스나 증기가 없는 것을 확인
	역화	• 정비된 토치와 호스 사용 • 역화방지기 설치
화상	토치나 호스에서 산소누설	산소누설이 없는 호스 사용
	산소를 공기 대신으로 환기나 압력 시험용으로 사용	• 산소의 위험성 교육 실시 • 소화기 비치

CHAPTER

화재위험작업 허가 · 관리

01 화기취급작업의 일반적인 절차

① 화재예방을 위해 화기취급작업을 사전에 허가하고 관련 법령에 근거하여 화재감시자가 입회하여 감독하는 등 안전관리 업무를 수행하여야 함

② 사전허가, 안전조치 및 화기취급 작업 감독의 처리절차와 화기취급작업 신청서 작성, 화기취급작업 허가서 교부 및 안전수칙 등의 사전허가 절차 등을 준수하여야 함

	처리절차	업무내용
1. 사전허가	• 작업허가	• 작업요청 • 승인검토 및 허가서 발급
2. 안전조치	• 화재예방조치 • 안전교육	• 가연물 이동 및 보호조치 • 소방시설 작동 확인 • 용접 · 용단장비 · 보호구 점검 • 화재안전교육 • 비상시 행동요령 교육
3. 작업 · 감독	• 화재감시자 입회 및 감독 • 최종 작업 확인	• 화재감시자 입회 • 화기취급감독 • 현장상주 및 화재감시 • 작업 종료 확인

02 화재위험작업의 관리감독 절차

① 화재안전 감독자는 예상되는 화기작업의 위치를 확정하고, 화기작업의 시작 전 작업현장의 화재안전 조치 상태 및 예방책을 확인

② 작업현장의 준비상태가 확인되고 화재안전 감시자가 현장에 배치된 후, 화재안전 감독자는 서명을 하고 화기취급작업 허가서를 발급

③ 화기취급작업 허가서는 작업구역 내 게시하여 해당 작업현장 내의 작업자와 관리자가 화기작업에 대한 사항을 인지할 수 있도록 함

④ 화기작업 중 화재감시자는 작업 중은 물론, 휴식시간 및 식사시간 등에도 해당 현장에 대한 감시활동을 계속 진행하며, 화재발생 시 초동대처가 가능한 상태의 대응준비를 갖추어야 함

⑤ 작업완료 시 화재감시자는 해당 작업구역 내에 30분 이상 더 상주하면서 발화 및 착화 발생 여부에 대한 감시를 진행(이때 작업구역의 직상, 직하층에 대한 점검도 병행)

⑥ 화재안전 감독자에게 작업종료를 통보

⑦ 전체 작업 및 감시감독시간 완료 시 화재안전 감독자는 해당 구역에 대한 최종점검 및 확인 후 허가서에 서명하여 작업완료를 확인(확인 날인된 허가서는 작업기록으로 보관)

> **더 알아보기** **작업 시 불꽃 낙하로 직하층에 화재감시자가 필요한 경우**

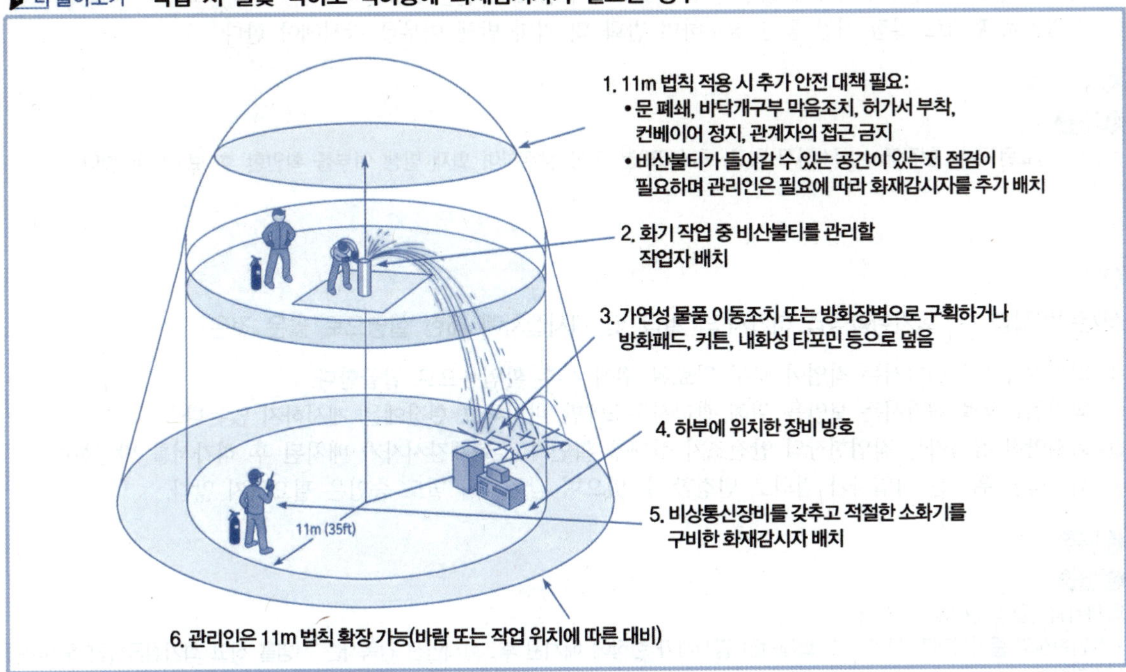

★ 단원별 핵심점검

이것만은 꼭　**화재위험작업 허가 · 관리 핵심요약**

☑ 화기취급작업 절차: 사전허가 → 안전조치 → 작업 · 감독
☑ 화기작업허가서: 작업구역 내 게시하여 작업현장 내의 작업자와 관리자가 인지할 수 있도록 함
☑ 화재감시자: 작업 중은 물론 휴식 · 식사시간에도 감시 지속

○× 빠른 체크　**화재위험작업 허가 · 관리 핵심점검**

01　화기작업허가서는 사무실에만 보관하면 된다.　　(○ , ×)

02　화재감시자는 휴식시간에는 현장을 이탈할 수 있다.　　(○ , ×)

03　화기작업 전 화재안전 감독자가 현장의 안전조치 상태를 확인해야 한다.　　(○ , ×)

01	×	02	×	03	○

01

화기작업 중 및 종료 후 '화재감시자'의 업무 수행 방법으로 가장 옳지 않은 것은?

① 작업 중에는 물론 휴식시간 및 식사시간에도 현장 감시활동을 계속해야 한다.
② 화재발생 시 즉시 초동대처가 가능하도록 대응 준비를 갖추고 있어야 한다.
③ 작업이 완료된 즉시 현장에서 철수하여 감독자에게 종료 사실을 보고한다.
④ 작업완료 후에도 일정 시간 동안 상주하며 발화 및 착화 발생 여부를 감시해야 한다.

정답 ③

해설

작업이 완료된 즉시 현장에서 철수하지 않고, 최소 30분 이상 상주하며 화재 발생 여부를 확인한 후 보고해야 한다.

02

화재위험작업 시 '화기취급작업 허가서'의 발급 및 게시절차에 대한 설명으로 옳은 것은?

① 화기취급작업 허가서는 작업이 모두 완료된 후에 사후 확인용으로 발급한다.
② 화기취급작업 허가서는 보안을 위해 관리사무소에만 비치하고 현장에는 게시하지 않는다.
③ 화재안전 감독자는 작업현장의 안전조치 상태를 확인하고 화재감시자가 배치된 후 허가서를 발급한다.
④ 화기작업 위치는 작업자가 임의로 변경할 수 있으며 감독자의 별도 승인은 필요하지 않다.

정답 ③

해설

화재위험작업의 관리감독 절차
- 작업현장의 준비상태가 확인되고, 화재안전 감시자가 현장에 배치된 후, 화재안전 감독자는 서명을 하고 화기취급작업 허가서를 발급한다.
- 화기취급작업 허가서는 작업구역 내 게시하여 해당 작업현장 내의 작업자와 관리자가 화기작업에 대한 사항을 인지할 수 있도록 한다.

03

화기작업의 '안전조치' 단계에서 수행해야 할 업무내용에 해당하지 않는 것은?

① 가연물 이동 및 보호조치
② 소방시설 작동 확인
③ 용접·용단장비 및 보호구 점검
④ 승인검토 및 허가서 발급

정답 ④

해설

승인검토 및 허가서 발급은 사전허가 단계에서 이루어지는 업무이다.

CHAPTER 03 위험물안전관리

01 목적 및 용어의 정의

1 목적

① 위험물의 저장 · 취급 및 운반과 이에 따른 안전관리에 관한 사항 규정
② 위험물로 인한 위해를 방지하여 공공의 안전 확보

2 용어의 정의

① 위험물 ★

  인화성 또는 발화성 등의 성질을 가지는 것으로서 대통령령이 정하는 물품

② 지정수량

  • 위험물의 종류별로 위험성을 고려하여 대통령령이 정하는 수량으로서 제조소등의 설치허가 등에 있어서 최저의 기준이 되는 수량

  • 지정수량의 예시

휘발유	등유 · 경유	중유	알코올류	황	질산
200L	1,000L	2,000L	400L	100kg	300kg

③ 위험물안전관리자의 선임 및 해임 ★

  • 해임하거나 퇴직한 때에는 그날로부터 30일 이내에 다시 선임
  • 선임한 날로부터 14일 이내에 소방본부장 또는 소방서장에게 신고

02 위험물 류별 특성

유별	성질	특징
제1류	산화성 고체	• 강산화제로서 다량의 산소 함유 • 가열 · 충격 · 마찰 등에 의해 분해, 산소 방출
제2류	가연성 고체	• 저온 착화하기 쉬운 가연성 물질 • 연소 시 유독가스 발생
제3류	자연발화성 물질 및 금수성 물질	• 물과 반응하거나 자연발화에 의해 발열 또는 가연성 가스 발생 • 용기 파손 또는 누출에 주의

제4류	인화성 액체	• 인화가 용이 • 대부분 물보다 가볍고, 증기는 공기보다 무거움 • 대부분 주수소화가 불가능함
제5류	자기반응성 물질	• 가연성으로 산소를 함유하여 자기연소 • 가열·충격·마찰 등에 의해 착화, 폭발 • 연소속도가 매우 빨라 소화 곤란
제6류	산화성 액체	• 강산으로 산소를 발생하는 조연성 액체 • 일부는 물과 접촉하면 발열

✎ **더 알아보기 제4류 위험물의 공통적인 성질**

- 인화하기 쉬움
- 증기는 대부분 공기보다 무거움
- 증기는 공기와 혼합되어 연소·폭발함
- 착화온도가 낮은 것은 위험함
- 대부분 물보다 가볍고 물에 녹지 않음

★ 단원별 핵심점검

이것만은 꼭 위험물안전관리 핵심요약

☑ 위험물: 인화성 또는 발화성 등의 성질을 가진 물품
☑ 지정수량 예시: 휘발유 200L, 등유·경유 1,000L, 알코올류 400L
☑ 위험물안전관리자 해임/퇴직 → 30일 이내 재선임, 선임일부터 14일 이내 신고
☑ 제4류 위험물: 인화성 액체(물보다 가벼움, 물에 불용성 多)

○✕ 빠른 체크 위험물안전관리 핵심점검

01 휘발유의 지정수량은 400L이다. (○ , ✕)

02 위험물안전관리자 퇴직 시 30일 이내에 재선임해야 한다. (○ , ✕)

03 제4류 위험물은 대부분 물보다 무겁다. (○ , ✕)

04 지정수량은 제조소등의 설치허가 등에 있어서 최고의 기준이 되는 수량이다. (○ , ✕)

01	✕	02	○	03	✕	04	✕

01

다음 중 빈칸에 들어갈 말로 옳은 것은?

> 위험물이란 (　) 또는 (　) 등의 성질을 가지는 것으로서 대통령령이 정하는 물품을 말한다.

① 발화성, 점화성 　　　　　　　　② 발화성, 위험성
③ 인화성, 발화성 　　　　　　　　④ 인화성, 위험성

 정답 ③

해설

위험물이란 인화성 또는 발화성 등의 성질을 가지는 것으로서 대통령령이 정하는 물품을 말한다.

02

위험물과 지정수량의 연결이 옳지 않은 것은?

① 휘발유 - 200L 　　　　　　　　② 중유 - 1,000L
③ 등유 - 1,000L 　　　　　　　　④ 알코올류 - 400L

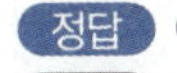 정답 ②

해설

중유의 지정수량은 2,000L이다.

03

위험물안전관리자가 해임되거나 퇴직한 경우, 관계인은 그날로부터 며칠 이내에 새로운 안전관리자를 선임해야 하는가?

① 7일 이내 　　　　　　　　　　② 14일 이내
③ 15일 이내 　　　　　　　　　　④ 30일 이내

 정답 ④

해설

위험물안전관리법령에 따르면 안전관리자가 해임되거나 퇴직한 때에는 그날로부터 30일 이내에 다시 안전관리자를 선임해야 한다.

04

제4류 위험물의 공통적인 성질에 대한 설명으로 옳은 것은?

① 증기는 대부분 공기보다 가볍다.
② 대부분 물보다 무거우며 물에 잘 녹는다.
③ 인화하기 쉬우며, 증기는 공기와 혼합되어 연소·폭발할 수 있다.
④ 착화온도가 높은 것일수록 화재 위험성이 더 크다.

정답 ③

해설

제4류 위험물의 공통적인 성질
• 인화하기 쉽다.
• 증기는 대부분 공기보다 무겁다.
• 증기는 공기와 혼합되어 연소·폭발한다.
• 착화온도가 낮은 것은 위험하다.
• 대부분 물보다 가볍고 물에 녹지 않는다.

05

다음 중 위험물 류별 특성에 관하여 (   ) 안에 들어갈 용어로 옳은 것은?

• 제2류 위험물: (㉠   ) 고체
• 제5류 위험물: (㉡   ) 물질

	㉠	㉡
①	가연성	산화성
②	인화성	산화성
③	가연성	자기반응성
④	인화성	자기반응성

정답 ③

해설

• 제1류 위험물: 산화성 고체
• 제2류 위험물: 가연성 고체
• 제3류 위험물: 자연발화성 물질 및 금수성 물질
• 제4류 위험물: 인화성 액체
• 제5류 위험물: 자기반응성 물질
• 제6류 위험물: 산화성 액체

CHAPTER 04 전기안전관리

01 주요 화재원인 ★★

① 전선의 합선(단락)에 의한 발화
② 누전에 의한 발화
③ 과전류(과부하)에 의한 발화
④ 기타 규격미달의 전선 또는 전기기계기구 등의 과열, 배선 및 전기기계기구 등의 절연불량 또는 정전기로부터의 불꽃

02 화재예방요령

① 사용하지 않는 기구는 전원을 끄고 플러그를 뽑아 둠
② 과전류 차단장치를 설치
③ 규격 퓨즈를 사용하고 끊어질 경우 그 원인을 조치함
④ 비닐장판이나 양탄자 밑으로는 전선이 지나지 않도록 함
⑤ 누전차단기를 설치하고 월 1~2회 작동 여부를 확인함
⑥ 전선이 쇠붙이나 움직이는 물체와 접촉되지 않도록 함
⑦ 전선은 묶거나 꼬이지 않도록 함
⑧ 하나의 콘센트에 여러 가지 전기기구를 꽂아서 사용하지 않음

★ 단원별 핵심점검

이것만은 꼭 　**전기안전관리 핵심요약**

☑ 전기화재 주요 원인: 합선(단락), 누전, 과전류(과부하), 절연불량 및 정전기
☑ 예방: 미사용 기구 플러그 분리, 과전류 차단장치 설치, 규격 퓨즈 사용 등

○✕ 빠른 체크 　**전기안전관리 핵심점검**

01 　전기화재의 원인에는 '누전'이 포함된다. 　(○ , ✕)

02 　사용하지 않는 전기기구는 플러그를 꽂아둔 채로 관리한다. 　(○ , ✕)

03 　비닐장판 밑으로 전선을 배치하는 것은 안전한 방법이다. 　(○ , ✕)

01	○	02	✕	03	✕

01

다음 중 전기화재의 원인이 아닌 것은?

① 단선에 의한 발화
② 누전에 의한 발화
③ 접촉부의 과열에 의한 발화
④ 지락에 의한 발화

정답 ①

해설

단선은 단순히 전선이 끊어져 회로가 끊어지는 상태를 말하므로 전류의 흐름이 차단될 뿐, 일반적으로 열이나 스파크가 발생하지 않아 직접적인 발화원인이 되지 않는다.

02

다음 중 전기화재 예방요령으로 옳지 않은 것은?

① 하나의 콘센트에 여러 가지 전기기구를 꽂아서 사용하지 않는다.
② 과전류 차단장치를 설치한다.
③ 사용하지 않는 기구는 전원을 끄고 플러그를 뽑아 둔다.
④ 비닐장판 밑으로 전선이 보이지 않게 정리하여 넣어둔다.

정답 ④

해설

비닐장판이나 양탄자 밑으로는 전선이 지나지 않도록 해야 한다.

CHAPTER 05 가스안전관리

01 연료가스의 종류와 특성 ★★★

구분	액화석유가스(LPG)	액화천연가스(LNG)
주성분	프로판(C_3H_8), 부탄(C_4H_{10})	메탄(CH_4)
용도	가정용, 공업용, 자동차 연료용	도시가스
비중	1.5~2(누출 시 낮은 곳에 체류)	0.6(누출 시 천장 쪽에 체류)
폭발범위	• 프로판: 2.1~9.5% • 부탄: 1.8~8.4%	5~15%

02 가스누설경보기

① 가스누설경보기

가스의 누출현상이 나타나면 자동으로 경보를 발함으로써 가스로 인한 화재 및 인명 피해를 미연에 방지할 수 있는 설비

② 설치위치

증기비중이 1보다 작은 가스의 경우	• 가스연소기로부터 수평거리 8m 이내의 위치에 설치 • 탐지기의 하단은 천장면의 하방 30cm 이내의 위치에 설치
증기비중이 1보다 큰 가스의 경우	• 가스연소기 또는 관통부로부터 수평거리 4m 이내의 위치에 설치 • 탐지기의 상단은 바닥면의 상방 30cm 이내의 위치에 설치

03 가스화재의 주요 원인

공급자	사용자
• 용기밸브의 오조작 • 용기교체 작업 중 누설화재 • 잔량 가스처리 및 취급 미숙 • 가스충전 작업 중 누설폭발 • 고압가스 운반기준 미이행 • 배관 내의 공기치환작업 미숙 • 용기보관실 점화원 사용 • 배달원의 안전의식 결여	• 실내에 용기보관 중 가스누설 • 점화 미확인으로 인한 누설폭발 • 환기불량에 의한 질식사 • 가스사용 중 장시간 자리 이탈 • 성냥불로 누설확인 중 폭발 • 호스접속 불량 방치 • 조정기 분해 오조작 • 콕크 조작 미숙 • 인화성 물질 동시 사용

<table>
<tr><td>**04**</td><td colspan="2">## 가스 사용 시 주의사항</td></tr>
</table>

사용 전	• 가스가 새고 있는지 냄새로 확인하고 환기를 시킴 • 가스연소기 부근에는 가연성 물질을 두지 않음 • 콕크, 호스 등 연결부는 호스 밴드로 확실하게 조이고, 호스가 낡거나 손상이 있을 때에는 즉시 새것으로 교체 • 연소기구는 자주 청소하여 불구멍 등이 막히지 않도록 함
사용 중	• 콕크를 돌려 점화 시 불이 붙었는지 확인 • 파란 불꽃 상태가 되도록 조절(황색, 적색 불꽃은 불완전연소로 일산화탄소 발생) • 장시간 자리를 비우지 말고 주의하여 지켜봄
사용 후	• 가스연소기에 부착된 콕크는 물론 중간밸브도 확실하게 잠가야 함 • 장기간 외출 시 중간밸브와 함께 용기밸브도 잠그고, 도시가스 사용 시 메인밸브까지 잠가 둠

★ 단원별 핵심점검

이것만은 꼭 **가스안전관리 핵심요약**

☑ LNG(액화천연가스): 메탄 주성분, 도시가스, 공기보다 가벼움 → 경보기 천장 부근
☑ LPG(액화석유가스): 프로판·부탄, 공기보다 무거움 → 경보기 바닥 부근
☑ 가스화재 주요 원인: 가스누설, 배관부식, 접속불량, 취급 부주의

○✕ 빠른 체크 **가스안전관리 핵심점검**

01 LNG는 공기보다 무거워 바닥에 체류한다. (○ , ✕)

02 LPG 경보기는 바닥 부근에 설치한다. (○ , ✕)

03 가스 냄새가 나면 환기 전에 전등 스위치를 먼저 켠다. (○ , ✕)

04 증기비중이 1보다 작은 가스의 경우 탐자기의 상단은 바닥면의 상방 30cm 이내의 위치에 설치한다. (○ , ✕)

05 증기비중이 1보다 큰 가스의 경우 가스연소기로부터 수평거리 8m의 위치에 설치한다. (○ , ✕)

01	✕	02	○	03	✕	04	✕	05	✕

단원별 출제예상문제

01

액화천연가스(LNG)에 대한 설명으로 옳은 것은?

① 주성분은 메탄이다.
② 누출 시 낮은 곳에 체류한다.
③ 증기비중은 1.5 ~ 2로 공기보다 무겁다.
④ 용도는 가정용, 공업용, 자동차 연료용이다.

정답 ①

해설

연료가스의 종류와 특성

구분	액화석유가스(LPG)	액화천연가스(LNG)
주성분	프로판(C_3H_8), 부탄(C_4H_{10})	메탄(CH_4)
용도	가정용, 공업용, 자동차 연료용	도시가스
비중	1.5 ~ 2(누출 시 낮은 곳에 체류)	0.6(누출 시 천장 쪽에 체류)
폭발범위	• 프로판: 2.1 ~ 9.5% • 부탄: 1.8 ~ 8.4%	5 ~ 15%

02

다음 중 가스누설경보기의 설치위치로 옳지 않은 것은?

① 증기비중이 1보다 큰 가스의 경우 가스연소기 또는 관통부로부터 수평거리 4m 이내의 위치에 설치
② 증기비중이 1보다 큰 가스의 경우 탐지기의 상단은 바닥면의 상방 30cm 이내의 위치에 설치
③ 증기비중이 1보다 작은 가스의 경우 가스연소기로부터 수평거리 4m 이내의 위치에 설치
④ 증기비중이 1보다 작은 가스의 경우 탐지기의 하단은 천장면의 하방 30cm 이내의 위치에 설치

정답 ③

해설

가스누설경보기의 설치위치

증기비중이 1보다 작은 가스의 경우	• 가스연소기로부터 수평거리 8m 이내의 위치에 설치 • 탐지기의 하단은 천장면의 하방 30cm 이내의 위치에 설치
증기비중이 1보다 큰 가스의 경우	• 가스연소기 또는 관통부로부터 수평거리 4m 이내의 위치에 설치 • 탐지기의 상단은 바닥면의 상방 30cm 이내의 위치에 설치

03

다음 중 '가스 사용 시 주의사항'에 대한 설명으로 가장 옳지 않은 것은?

① 사용 전: 가스가 새고 있는지 냄새로 확인하고, 창문을 열어 환기시킨다.
② 사용 중: 불꽃의 색깔이 파란 불꽃 상태가 되도록 조절하여 사용한다.
③ 사용 중: 장시간 자리를 비울 때에는 가스연소기 부근에 가연성 물질을 두어 화력을 유지한다.
④ 사용 후: 가스연소기에 부착된 콕크는 물론 중간밸브까지 확실하게 잠근다.

 정답 ③

해설

가스 사용 시 주의사항

사용 전	• 가스가 새고 있는지 냄새로 확인하고 환기를 시킴 • 가스연소기 부근에는 가연성 물질을 두지 않음 • 콕크, 호스 등 연결부는 호스 밴드로 확실하게 조이고, 호스가 낡거나 손상이 있을 때에는 즉시 새것으로 교체 • 연소기구는 자주 청소하여 불구멍 등이 막히지 않도록 함
사용 중	• 콕크를 돌려 점화 시 불이 붙었는지 확인 • 파란 불꽃 상태가 되도록 조절(황색, 적색 불꽃은 불완전연소로 일산화탄소 발생) • 장시간 자리를 비우지 말고 주의하여 지켜봄
사용 후	• 가스연소기에 부착된 콕크는 물론 중간밸브도 확실하게 잠가야 함 • 장기간 외출 시 중간밸브와 함께 용기밸브도 잠그고, 도시가스 사용 시 메인밸브까지 잠가 둠

04

가스화재의 원인 중 공급자 측의 원인으로 볼 수 없는 것은?

① 용기밸브의 오작동
② 고압가스 운반기준 미이행
③ 조정기 분해 오조작
④ 가스충전 작업 중 누설폭발

 정답 ③

해설

조정기 분해 오조작은 사용자 측의 원인이다.

04

피난시설, 방화구획 및 방화시설의 관리

CHAPTER 01

방화구획 등

01 방화구획

1 방화구획의 개념

① 건축물 내의 어느 부분에서 발생한 화재에 의해 건물 전체로 화재가 확대되는 것을 방지하는 것
② 고층 및 지하 심층 건축물, 규모가 큰 일반 건축물이나 공장 등에서의 화재 발생 시 연기 및 화염의 확산 방지를 위한 구획
③ 공간을 구성하는 바닥, 천장, 벽, 문 등의 부재는 연소방지상 내화적인 것이 요구됨

2 방화구획의 기준 ★★

주요구조부가 내화구조 또는 불연재료로 된 건축물로서 연면적이 1,000m²를 넘는 것은 다음 기준에 의한 방화구획을 하여야 함

구획의 종류	구획단위	구획구분의 구조
면적별 구획	• 10층 이하의 층은 바닥면적 1,000m² 이내마다 구획 • 11층 이상의 층은 바닥면적 200m²(내장재가 불연재료인 경우 500m²) 이내마다 구획 ※ 스프링클러설비 기타 이와 유사한 자동식 소화설비를 설치한 경우에는 상기 면적의 3배 이내마다 구획	• 내화구조의 바닥, 벽 • 60분+ 방화문 · 60분 방화문 • 자동방화셔터(국토교통부장관이 정하는 기준에 맞는 것)
층별 구획	매층마다 구획(다만, 지하 1층에서 지상으로 직접 연결하는 경사로 부위는 제외)	
필로티 등	필로티 등의 부분을 주차장으로 사용하는 경우 그 부분은 건축물의 다른 부분과 구획할 것	

※ 공동주택 중 아파트로서 4층 이상인 층에 대피공간을 설치하는 경우 그 대피공간과 실내의 다른 부분을 방화구획해야 함

> 🖋 더 알아보기 **필로티 등**
>
> 필로티나 기타 이와 유사한 구조로 벽면적의 2분의 1 이상이 그 층의 바닥면에서 위층 바닥 아래면까지 공간으로 된 것

02 방화구획의 구조 및 중요성

1 방화구획의 구조

① 방화구획으로 사용하는 60분+ 방화문 또는 60분 방화문은 언제나 닫힌 상태를 유지하거나 화재로 인한 연기 또는 불꽃을 감지하여 자동적으로 닫히는 구조로 할 것(다만, 연기 또는 불꽃을 감지하여 자동적으로 닫히는 구조로 할 수 없는 경우에는 온도를 감지하여 자동적으로 닫히는 구조로 할 수 있음)

② 다음에 해당하는 경우 그 부분을 내화시간 이상 견딜 수 있는 내화채움성능이 인정된 구조로 메울 것
- 급수관·배전관 또는 그 밖의 관이나 전선 등이 방화구획을 관통하여 관통부가 생기는 경우
- 방화구획의 벽과 벽, 벽과 바닥, 바닥과 바닥 사이에 접합부가 생기는 경우
- 방화구획과 외벽 사이에 접합부가 생기는 경우
- 방화구획에 그 밖의 틈이 생기는 경우

③ 환기·난방 또는 냉방시설의 풍도가 방화구획을 관통하는 경우에는 그 관통 부분 또는 이에 근접한 부분에 다음의 기준에 적합한 댐퍼를 설치할 것(다만, 반도체공장 건축물로서 방화구획을 관통하는 풍도의 주위에 스프링클러헤드를 설치하는 경우에는 그렇지 않음)
- 화재로 인한 연기 또는 불꽃을 감지하여 자동적으로 닫히는 구조로 할 것(다만, 주방 등 연기가 항상 발생하는 부분에는 온도를 감지하여 자동적으로 닫히는 구조로 할 수 있음)
- 국토교통부장관이 정하여 고시하는 비차열 성능 및 방연성능 등의 기준에 적합할 것

2 방화구획의 중요성

건축물 내에서 그 내부를 일정한 크기의 면적 및 층으로 구분하여 화재를 하나의 공간으로 한정함으로써 화재가 다른 공간으로 확산되는 것을 방지하기 위함

★ 단원별 핵심점검

이것만은 꼭 **방화구획 등 핵심요약**

- ☑ 방화구획: 건축물 내부를 방화벽·바닥으로 구획 → 화재 확산을 일정 구역으로 제한
- ☑ 면적별 구획: 10층 이하의 층은 바닥면적 1,000m² 이내마다 구획
- ☑ 스프링클러설비 설치 시: 바닥면적 매 3,000m² 이내마다 구획(3배 완화)

○×빠른 체크 **방화구획 등 핵심점검**

01 스프링클러설비 설치 시 방화구획 면적이 3배 완화된다. （ ○ , × ）

02 방화구획의 면적별 구획에서 11층 이상의 층은 바닥면적 200m² 이내마다 구획한다. （ ○ , × ）

03 방화구획은 연기의 확산을 차단하는 것이 주목적이다. （ ○ , × ）

| 01 | ○ | 02 | ○ | 03 | × |

01

연면적 15,000m²인 12층 건축물은 방화구획을 몇 개 설치해야 하는가? (단, 이 건축물에는 스프링클러설비가 설치되어 있다)

① 10개   ② 20개   ③ 25개   ④ 30개

 **정답** ③

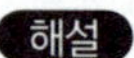 **해설**

방화구획의 기준

구획의 종류	구획단위	구획구분의 구조
면적별 구획	• 10층 이하의 층은 바닥면적 1,000m² 이내마다 구획 • 11층 이상의 층은 바닥면적 200m²(내장재가 불연재료인 경우 500m²) 이내마다 구획 ※ 스프링클러설비 기타 이와 유사한 자동식 소화설비를 설치한 경우에는 상기 면적의 3배 이내마다 구획	• 내화구조의 바닥, 벽 • 60분+ 방화문 · 60분 방화문 • 자동방화셔터(국토교통부장관이 정하는 기준에 맞는 것)

$$\rightarrow \frac{15{,}000m^2}{(200m^2 \times 3배)} = 25개$$

02

방화구획을 구성하는 부재(바닥, 천장, 벽, 문 등)가 갖추어야 할 공통적인 성질은?

① 내식성   ② 내마모성   ③ 내화성   ④ 방습성

 **정답** ③

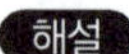 **해설**

방화구획 공간을 구성하는 바닥, 천장, 벽, 문 등의 부재는 연소방지상 내화적인 것이 요구된다.

03

다음 중 건축물의 면적별 방화구획 기준에 대한 설명으로 가장 옳지 않은 것은?

① 10층 이하의 층은 바닥면적 1,000m² 이내마다 방화구획을 해야 한다.
② 11층 이상의 층에서 내장재가 불연재료가 아닌 경우에는 바닥면적 200m² 이내마다 구획해야 한다.
③ 11층 이상의 층에서 내장재가 불연재료인 경우에는 바닥면적 500m² 이내마다 구획할 수 있다.
④ 스프링클러설비 등 자동식 소화설비를 설치한 경우에는 상기 규정된 면적의 2배 이내마다 구획하면 된다.

 **정답** ④

해설

방화구획의 기준

구획의 종류	구획단위
면적별 구획	• 10층 이하의 층은 바닥면적 1,000m² 이내마다 구획 • 11층 이상의 층은 바닥면적 200m²(내장재가 불연재료인 경우 500m²) 이내마다 구획 ※ 스프링클러설비 기타 이와 유사한 자동식 소화설비를 설치한 경우에는 상기 면적의 3배 이내마다 구획

CHAPTER 02 피난시설, 방화구획 및 방화시설의 관리

01 피난 · 방화시설 등의 범위

1 피난시설

① 계단(직통계단 · 피난계단 등)
② 복도
③ 출입구(비상구 포함)
④ 그 밖의 피난시설(옥상광장, 피난안전구역, 피난용 승강기 및 승강장 등)

> ✏️ **더 알아보기** **피난계단**
>
> - 피난계단은 건물의 각 층에서 피난층으로 통하는 직통계단을 의미
> - 건물 내부에서 피난계단으로 통하는 출입구에는 방화문을 설치하고, 이곳으로 통하는 통로에는 쉽게 찾을 수 있도록
>   피난구유도등 또는 유도표지를 설치

2 방화시설

① 방화구획(방화문, 자동방화셔터, 내화구조의 바닥 · 벽)
② 방화벽
③ 내화성능을 갖춘 내부마감재 등

3 피난계단의 종류 및 피난 시 이동경로 ★

피난계단의 종류	피난 시 이동경로
옥내피난계단	옥내 → 계단실 → 피난층
옥외피난계단	옥내 → 옥외계단 → 지상층
특별피난계단	옥내 → 부속실 → 계단실 → 피난층

02 피난시설, 방화구획 및 방화시설 관련 금지행위 ★

1 피난시설, 방화구획 및 방화시설 관련 폐쇄행위

① 건축법령에 의거 설치한 피난 · 방화시설을 화재 시 사용할 수 없도록 폐쇄하는 행위
② 계단, 복도 등에 방범철책(창) 등을 설치하여 화재 시 피난할 수 없도록 하는 행위
③ 비상구 등에 잠금장치(고정식 잠금장치 등)를 설치하여 누구나 쉽게 열 수 없도록 하는 행위

④ 용접, 조적, 쇠창살, 석고보드 또는 합판 등으로 비상(탈출)구의 개방이 불가능하도록 하는 행위
⑤ 기타 객관적인 판단하에 누구라도 폐쇄라고 볼 수 있는 행위

2 피난시설, 방화구획 및 방화시설의 훼손행위

① 방화문을 철거(제거)하는 행위나 방화문에 고임장치(도어스톱) 등 설치 또는 자동폐쇄장치를 제거하여 그 기능을 저해하는 행위
② 배연설비가 작동되지 아니하도록 기능에 지장을 주는 행위
③ 기타 객관적인 판단하에 누구라도 피난·방화시설을 훼손하였다고 볼 수 있는 행위(구조적인 시설에 물리력을 가하여 훼손한 때)

3 피난시설, 방화구획 및 방화시설의 변경행위

① 방화구획 및 내부마감재료를 임의로 변경하여 건축법령에 위반하였다고 볼 수 있는 행위
  • 임의구획으로 무창층을 발생하게 하는 행위
  • 방화구획에 개구부를 설치하여 그 기능에 지장을 주는 행위 등
② 방화문을 철거하고 목재, 유리문 등으로 변경하는 행위
③ 기타 객관적인 판단하에 누구라도 피난·방화시설을 변경하여 건축법령에 위반하였다고 볼 수 있는 행위

4 피난시설, 방화구획 및 방화시설의 주위에 물건적치 또는 장애물 설치행위

① 계단, 복도(통로) 또는 출입구에 물건을 쌓아놓거나 또는 장애물을 방치하는 행위
② 계단 또는 복도에 방범철책(쇠창살)을 설치하는 행위
  ※ 방범철책에 고정식 잠금장치를 설치하는 행위는 피난·방화시설의 폐쇄행위에 해당
③ 자동방화셔터 주위에 물건 또는 장애물을 방치하거나 설치하여 그 기능에 지장을 주는 행위

5 피난시설, 방화구획 및 방화시설의 용도장애 또는 소방활동 지장 초래행위

① 상기 1, 2, 3, 4에서 적시한 행위로 피난시설, 방화구획 및 방화시설의 용도에 장애를 유발하거나, 화재 시 소방호스 전개상 걸림·꼬임현상 등 소방활동에 지장을 초래한다고 판단되는 행위
② 상기 1, 2, 3, 4에서 적시하지 아니한 행위로 피난시설, 방화구획 및 방화시설의 용도에 장애를 주거나 소방활동에 지장을 초래한다고 판단되는 행위

6 피난시설, 방화구획 및 방화시설의 유지·관리에 대한 조치명령권자

소방본부장 또는 소방서장

① 옥상광장 또는 2층 이상인 층에 노대 등의 주위에는 높이 1.2m 이상의 난간을 설치하여야 함
② 옥상광장 설치대상: 5층 이상의 층이 다음의 용도로 쓰이는 대상물
- 근린생활시설 중 공연장·종교집회장·인터넷컴퓨터게임시설제공업소(해당 용도로 쓰는 바닥면적의 합계가 각각 300m^2 이상인 경우)
- 문화 및 집회시설(전시장 및 동·식물원은 제외)
- 종교시설, 판매시설, 위락시설 중 주점영업 또는 장례시설
③ 옥상으로 통하는 출입문에 비상문자동개폐장치(화재 등 비상시에 소방시스템과 연동되어 잠김 상태가 자동으로 풀리는 장치)를 설치해야 하는 대상
- ②에 따라 피난 용도로 쓸 수 있는 광장을 옥상에 설치해야 하는 건축물
- 피난 용도로 쓸 수 있는 광장을 옥상에 설치하는 다음의 건축물
  - 다중이용 건축물
  - 연면적 1,000m^2 이상인 공동주택
- ④에 해당하는 출입문
④ 옥상공간을 확보해야 하는 대상(층수가 11층 이상인 건축물로서 11층 이상인 층의 바닥면적의 합계가 10,000m^2 이상인 건축물)
- 건축물의 지붕을 평지붕으로 하는 경우: 헬리포트를 설치하거나 헬리콥터를 통하여 인명 등을 구조할 수 있는 공간
- 건축물의 지붕을 경사지붕으로 하는 경우: 경사지붕 아래에 설치하는 대피공간

★ 단원별 핵심점검

이것만은 꼭　피난시설, 방화구획 및 방화시설의 관리 핵심요약

☑ 피난계단 종류: 옥내피난계단, 옥외피난계단, 특별피난계단
☑ 특별피난계단 이동경로: 옥내 → 부속실 → 계단실 → 피난층
☑ 금지행위: 피난시설·방화구획·방화시설에 물건 적재, 잠금장치 설치, 용도변경 등
☑ 옥상광장 안전관리: 옥상광장 또는 2층 이상의 층에 노대 등의 주위에는 높이 1.2m 이상의 난간을 설치해야 함

○× 빠른 체크　피난시설, 방화구획 및 방화시설의 관리 핵심점검

01　특별피난계단은 실내에서 바로 계단실로 진입하는 구조이다.　(○ , ×)

02　피난시설에 물건을 적재하는 것은 금지행위에 해당된다.　(○ , ×)

03　옥상광장 출입문은 항상 잠금상태로 관리한다.　(○ , ×)

04　피난계단에 잠금장치를 설치하는 것은 허용된다.　(○ , ×)

01	×	02	○	03	×	04	×

01

다음 중 '특별피난계단'의 피난 시 올바른 이동경로를 나타낸 것은?

① 옥내 → 계단실 → 피난층
② 옥내 → 부속실 → 계단실 → 피난층
③ 옥내 → 옥외계단 → 지상층
④ 옥내 → 복도 → 엘리베이터 → 피난층

정답 ②

해설

피난계단의 종류	피난 시 이동경로
옥내피난계단	옥내 → 계단실 → 피난층
옥외피난계단	옥내 → 옥외계단 → 지상층
특별피난계단	옥내 → 부속실 → 계단실 → 피난층

02

피난시설, 방화구획 및 방화시설의 금지행위로 옳지 않은 것은?

① 방화문을 닫아놓은 상태로 관리하는 행위
② 방화문에 고임장치(도어스톱) 등을 설치하는 행위
③ 비상구에 잠금장치를 설치하여 누구나 쉽게 열 수 없도록 하는 행위
④ 비상구에 물건을 쌓아두는 행위

정답 ①

해설

피난시설, 방화구획 및 방화시설 관련 주요 금지행위
• 피난시설, 방화구획 및 방화시설 관련 폐쇄행위
  - 건축법령에 의거 설치한 피난·방화시설을 화재 시 사용할 수 없도록 폐쇄하는 행위
  - 계단, 복도 등에 방범철책(창) 등을 설치하여 화재 시 피난할 수 없도록 하는 행위
  - 비상구 등에 잠금장치(고정식 잠금장치 등)를 설치하여 누구나 쉽게 열 수 없도록 하는 행위
  - 용접, 조적, 쇠창살, 석고보드 또는 합판 등으로 비상(탈출)구의 개방이 불가능하도록 하는 행위
  - 기타 객관적인 판단하에 누구라도 폐쇄라고 볼 수 있는 행위
• 피난시설, 방화구획 및 방화시설의 훼손행위
  - 방화문을 철거(제거)하는 행위나 방화문에 고임장치(도어스톱) 등 설치 또는 자동폐쇄장치를 제거하여 그 기능을 저해하는 행위
  - 배연설비가 작동되지 아니하도록 기능에 지장을 주는 행위
  - 기타 객관적인 판단하에 누구라도 피난·방화시설을 훼손하였다고 볼 수 있는 행위(구조적인 시설을 물리력을 가하여 훼손한 때)

03

다음 빈칸에 들어갈 숫자로 옳은 것은?

> 옥상광장 또는 [(가)]층 이상인 층에 노대 등의 주위에는 높이 [(나)]m 이상의 난간을 설치하여야 한다.

	(가)	(나)
①	2	1.2
②	3	1.2
③	2	1.0
④	5	1.5

정답 ①

해설

옥상광장 또는 2층 이상인 층에 노대 등의 주위에는 높이 1.2m 이상의 난간을 설치하여야 한다.

05

소방시설의 종류, 구조 · 점검

CHAPTER **01**

소방시설의 종류

01 소방시설의 종류

1 소방시설의 종류

소화설비	경보설비	피난구조설비	소화용수설비	소화활동설비
• 소화기구 • 자동소화장치 • 옥내소화전설비 • 스프링클러설비등 • 물분무등소화설비 • 옥외소화전설비	• 단독경보형 감지기 • 비상경보설비(비상벨설비 · 자동식 사이렌설비) • 시각경보기 • 자동화재탐지설비 • 화재알림설비 • 비상방송설비 • 자동화재속보설비 • 통합감시시설 • 누전경보기 • 가스누설경보기	• 피난기구 • 인명구조기구 • 유도등 • 비상조명등 및 휴대용 비상조명등	• 상수도소화용수설비 • 소화수조 · 저수조 그 밖의 소화용수설비	• 제연설비 • 연결송수관설비 • 연결살수설비 • 비상콘센트설비 • 무선통신보조설비 • 연소방지설비

※ 연결송수관설비: 고층 건물에 설치하여 소방대가 건물 내 소화 작업 시 외부의 송수구에서 물을 공급하여 사용하는 설비

2 소화설비

① 소화기구 ★

　• 소화기: 물이나 소화약제를 압력에 의하여 방사하는 기구로서 사람이 조작하여 소화하는 것(소화약제에 의한 간이소화용구 제외)으로 다음의 소화기를 말함

소형소화기	능력단위가 1단위 이상이고 대형소화기의 능력단위 미만인 소화기
대형소화기	화재 시 사람이 운반할 수 있도록 운반대와 바퀴가 설치되어 있고 능력단위가 A급 10단위 이상, B급 20단위 이상인 소화기

　• 간이소화용구: 에어로졸식 소화용구, 투척용 소화용구, 소공간용 소화용구 및 소화약제 외의 것을 이용한 간이소화용구

　• 자동확산소화기

② 옥내소화전설비(호스릴 옥내소화전설비 포함)

③ 옥외소화전설비

④ 자동소화장치, 스프링클러설비등 및 물분무등소화설비

자동소화장치	스프링클러설비등	물분무등소화설비
• 주거용 주방자동소화장치 • 상업용 주방자동소화장치 • 캐비닛형 자동소화장치 • 가스자동소화장치 • 분말자동소화장치 • 고체에어로졸자동소화장치	• 스프링클러설비 • 간이스프링클러설비(캐비닛형 포함) • 화재조기진압용 스프링클러설비	• 물분무소화설비 • 미분무소화설비 • 포소화설비 • 이산화탄소소화설비 • 할론소화설비 • 할로겐화합물 및 불활성기체소화설비 • 분말소화설비 • 강화액소화설비 • 고체에어로졸소화설비

3 피난구조설비

피난기구	인명구조기구	유도등	그 외
• 피난사다리 • 구조대 • 완강기 • 간이완강기 • 그 밖에 화재안전기준으로 정하는 것	• 방열복·방화복(안전모, 보호장갑, 안전화 포함) • 공기호흡기 • 인공소생기	• 피난유도선 • 피난구유도등 • 통로유도등 • 객석유도등 • 유도표지	비상조명등 및 휴대용 비상조명등

★ 단원별 핵심점검

이것만은 꼭 소방시설의 종류 핵심요약

☑ 연결송수관설비, 연결살수설비: 소화활동설비
☑ 대형소화기 기준: A급 10단위 이상, B급 20단위 이상
☑ 인명구조기구 종류: 방열복, 방화복, 공기호흡기, 인공소생기
☑ 스프링클러설비는 물분무등소화설비에 해당 ×

○×빠른 체크 소방시설의 종류 핵심점검

01 유도등은 경보설비에 해당한다. (○ , ×)

02 소화수조는 소화용수설비에 해당한다. (○ , ×)

03 스프링클러설비는 경보설비에 포함된다. (○ , ×)

04 시각경보기는 경보설비에 해당한다. (○ , ×)

05 연결살수설비는 소화활동설비에 해당한다. (○ , ×)

01	×	02	○	03	×	04	○	05	○

단원별 출제예상문제

01

다음 중 대형소화기가 갖추어야 할 최소 능력단위 기준으로 옳은 것은?

① A급 1단위 이상, B급 2단위 이상
② A급 5단위 이상, B급 10단위 이상
③ A급 10단위 이상, B급 20단위 이상
④ A급 20단위 이상, B급 30단위 이상

정답 ③

해설

대형소화기는 화재 시 사람이 운반할 수 있도록 운반대와 바퀴가 설치되어 있고 능력단위가 A급 10단위 이상, B급 20단위 이상인 소화기를 말한다.

02

다음 중 소방시설의 종류와 해당 설비의 연결이 옳지 않은 것은?

① 경보설비 − 시각경보기, 자동화재탐지설비, 통합감시시설
② 피난구조설비 − 인명구조기구, 유도등, 비상조명등
③ 소화활동설비 − 제연설비, 연결송수관설비, 비상콘센트설비
④ 소화용수설비 − 스프링클러설비, 물분무등소화설비, 옥외소화전설비

정답 ④

해설

스프링클러설비, 물분무등소화설비, 옥외소화전설비는 소화설비에 해당한다.

➕ 꼼꼼

소방시설의 종류

소화설비	경보설비	피난구조설비	소화용수설비	소화활동설비
• 소화기구 • 자동소화장치 • 옥내소화전설비 • 스프링클러설비등 • 물분무등소화설비 • 옥외소화전설비	• 단독경보형 감지기 • 비상경보설비 • 시각경보기 • 자동화재탐지설비 • 화재알림설비 • 비상방송설비 • 자동화재속보설비 • 통합감시시설 • 누전경보기 • 가스누설경보기	• 피난기구 • 인명구조기구 • 유도등 • 비상조명등 및 휴대용 비상조명등	• 상수도소화용수설비 • 소화수조 · 저수조 그 밖의 소화용수설비	• 제연설비 • 연결송수관설비 • 연결살수설비 • 비상콘센트설비 • 무선통신보조설비 • 연소방지설비

03

다음 중 피난구조설비로만 짝지어진 것은?

① 제연설비, 연소방지설비
② 피난기구, 비상조명등
③ 유도등, 누전경보기
④ 시각경보기, 인명구조기구

 ②

피난구조설비

피난기구	인명구조기구	유도등	그 외
• 피난사다리 • 구조대 • 완강기 • 간이완강기	• 방열복 · 방화복(안전모, 보호장갑, 안전화 포함) • 공기호흡기 • 인공소생기	• 피난유도선 • 피난구유도등 • 객석유도등 • 유도표지	• 비상조명등 • 휴대용 비상조명등

02 소화설비

01 소화기구

1 소화기구의 종류

① 소화기

• 소화기의 능력단위 및 보행거리

종류		능력단위	보행거리
소형소화기		1단위 이상(대형소화기의 능력단위 미만)	20m 이내
대형소화기	A급	10단위 이상	30m 이내
	B급	20단위 이상	

• 방출 방식에 따른 분류

가압식	소화약제의 방출원이 되는 가압가스를 소화기 본체용기와는 별도의 가압용 가스용기에 충전하여 장치하고 가압용 가스용기의 작동봉판을 파괴하는 등의 조작에 의하여 방출되는 가스의 압력으로 소화약제를 방사하는 방식
축압식	용기 중에 소화약제와 함께 소화약제의 방출원이 되는 질소 등의 압축가스를 봉입한 방식

💡 더 알아보기　소화기구 설치기준

• 소화기의 설치기준
- 특정소방대상물의 각 층마다 설치하되, 각 층이 둘 이상의 거실로 구획된 경우에는 각 층마다 설치하는 것 외에 바닥면적이 $33m^2$ 이상으로 구획된 각 거실에도 배치할 것
- 특정소방대상물의 각 부분으로부터 1개의 소화기까지의 보행거리가 소형소화기의 경우에는 20m 이내, 대형소화기의 경우에는 30m 이내가 되도록 배치할 것
• 능력단위가 2단위 이상이 되도록 소화기를 설치해야 할 특정소방대상물 또는 그 부분에 있어서는 간이소화용구의 능력단위가 전체 능력단위의 2분의 1을 초과하지 않게 할 것(노유자시설의 경우에는 이를 제외)
• 소화기구(자동확산소화기 제외)는 거주자 등이 손쉽게 사용할 수 있는 장소에 바닥으로부터 높이 1.5m 이하의 곳에 비치하고, 소화기에 있어서는 "소화기", 투척용 소화용구에 있어서는 "투척용 소화용구", 마른모래에 있어서는 "소화용모래", 팽창질석 및 팽창진주암에 있어서는 "소화질석"이라고 표시한 표지를 보기 쉬운 곳에 부착할 것(다만, 소화기 및 투척용 소화용구의 표지는 축광표지의 성능인증 및 제품검사의 기술기준에 적합한 축광식표지로 설치하고, 주차장의 경우 표지를 바닥으로부터 1.5m 이상의 높이에 설치할 것)
• 자동확산소화기의 설치기준
- 방호대상물에 소화약제가 유효하게 방사될 수 있도록 설치할 것
- 작동에 지장이 없도록 견고하게 고정할 것

② 자동확산소화기

화재를 감지하여 자동으로 소화약제를 방출 확산시켜 국소적으로 소화하는 다음의 소화기를 말함

일반화재용 자동확산소화기	보일러실, 건조실, 세탁소, 대량화기취급소 등에 설치되는 자동확산소화기
주방화재용 자동확산소화기	음식점, 다중이용업소, 호텔, 기숙사, 의료시설, 업무시설, 공장 등의 주방에 설치되는 자동확산소화기
전기설비용 자동확산소화기	변전실, 송전실, 변압기실, 배전반실, 제어반, 분전반 등에 설치되는 자동확산소화기

③ 간이소화용구(소화기와 구분되는 별도의 소화용구)
- 에어로졸식 소화용구
- 투척용 소화용구
- 소공간용 소화용구
- 소화약제 이외의 것을 이용한 소화용구(마른모래, 팽창질석, 팽창진주암)

> 📝 **더 알아보기** **능력단위**
>
> 소화기로 소화할 수 있는 화재의 크기를 일정한 양으로 기준치를 두는 것

마른모래	삽을 상비한 50L 이상의 것 1포	
팽창질석 또는 팽창진주암	삽을 상비한 80L 이상의 것 1포	능력단위 0.5단위

2 소화기의 적응화재별 표시 분류 ★

종류	기준	표시	그림 표시
일반화재 (A급 화재)	나무, 섬유, 종이, 고무, 플라스틱류와 같은 일반 가연물이 타고 나서 재가 남는 화재	A	A급
유류화재 (B급 화재)	인화성 액체, 가연성 액체, 석유 그리스, 타르, 오일, 유성도료, 솔벤트, 래커, 알코올 및 인화성 가스와 같은 유류가 타고 나서 재가 남지 않는 화재	B	B급
전기화재 (C급 화재)	전류가 흐르고 있는 전기기기, 배선과 관련된 화재	C	C급
금속화재 (D급 화재)	마그네슘·합금 등 가연성 금속에서 일어나는 화재	D	D급
주방화재 (K급 화재)	주방에서 동식물유를 취급하는 조리기구에서 일어나는 화재	K	K급

3 소화기의 구조원리

① **분말소화기**

• **소화약제 및 적용화재** ★

소화약제	명칭	주성분	적응화재	소화효과
제1종	탄산수소나트륨	$NaHCO_3$	BC	질식효과 · 억제(부촉매)효과
제2종	탄산수소칼륨	$KHCO_3$	BC	
제3종	인산암모늄	$NH_4H_2PO_4$	ABC	
제4종	탄산수소칼륨 + 요소	$KHCO_3 + (NH_2)_2CO$	BC	

• **구조(축압식 분말소화기)** ★
  - 용기 중에 소화약제와 함께 소화약제의 방출원이 되는 질소 등의 압축가스를 봉입한 방식
  - 용기 내 압력을 확인할 수 있도록 지시압력계가 부착되어 있음
  - 사용 가능한 압력범위는 녹색(0.7 ~ 0.98MPa)으로 표시되어 있음

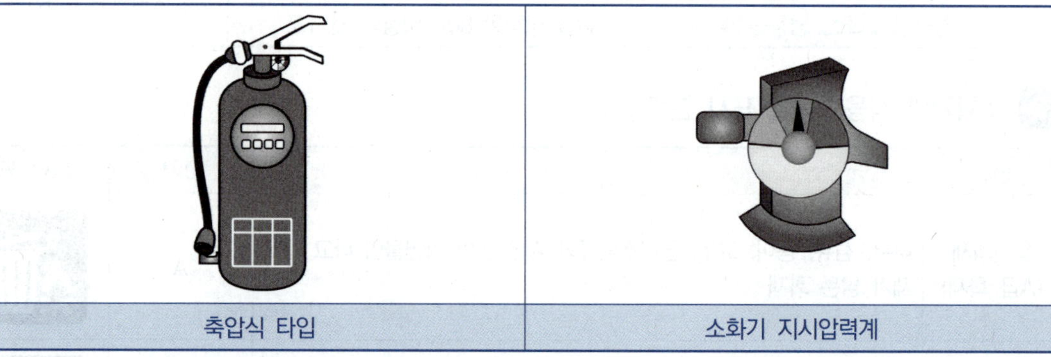

축압식 타입	소화기 지시압력계

• **내용연수** ★: 소화기의 내용연수는 10년으로 하고 내용연수가 지난 제품은 교체 또는 성능확인을 받을 것(성능확인검사에 합격한 소화기는 내용연수 등이 경과한 날의 다음 달부터 다음의 기간 동안 사용할 수 있음)

내용연수 경과 후 10년 미만	내용연수 경과 후 10년 이상
3년	1년

② **이산화탄소소화기** ★

소화약제	• 주성분: 이산화탄소(순도 99.5% 이상) • 적응화재: BC급 • 소화효과: 질식, 냉각효과
구조	• 본체 용기에 충전된 이산화탄소가 레버식 밸브(대형소화기는 핸들식)의 개폐에 의해 방사되므로 방사를 중지할 수 있음 • 밸브 본체에는 일정한 압력에서 작동하는 안전밸브가 장치되어 있음

③ 할로겐화합물소화기

종류	할론 1211	할론 1301	할론 2402
	CF_2ClBr	CF_3Br	$C_2F_4Br_2$
적응화재 및 소화효과	• 적응화재: ABC급 • 소화효과: 억제(부촉매) 및 질식소화		
구조	• 용기 내 압력을 가리키는 지시압력계가 부착되어 있으며, 사용 가능한 압력범위는 녹색으로 표시되어 있음 • 다만, 할론 1301 등과 같이 자체 증기압으로 방사되는 경우에는 지시압력계를 제외할 수 있음		

④ 분체소화기(D급 소화기)

D급 화재용으로만 사용되는 소화기이며 소화 가능한 가연성 금속재료의 종류 및 형태, 중량, 면적 등이 용기에 표시되어 있음

4 특정소방대상물별 소화기구의 능력단위 기준 ★★

특정소방대상물	소화기구의 능력단위
위락시설	해당 용도의 바닥면적 30m²마다 능력단위 1단위 이상
공연장 · 집회장 · 관람장 · 문화재 · 장례식장 및 의료시설	해당 용도의 바닥면적 50m²마다 능력단위 1단위 이상
근린생활시설 · 판매시설 · 운수시설 · 숙박시설 · 노유자시설 · 전시장 · 공동주택 · 업무시설 · 방송통신시설 · 공장 · 창고시설 · 항공기 및 자동차 관련 시설 및 관광휴게시설	해당 용도의 바닥면적 100m²마다 능력단위 1단위 이상
그 밖의 것	해당 용도의 바닥면적 200m²마다 능력단위 1단위 이상

※ 건축물의 주요구조부가 내화구조이고, 벽 및 반자의 실내에 면하는 부분이 불연재료 · 준불연재료 또는 난연재료로 된 특정소방대상물은 위 표의 기준면적의 2배를 해당 특정소방대상물의 기준면적으로 함

5 소화기 점검

① 소화기 적응화재 분류

소화기는 화재의 종류에 따라 적응성 있는 소화기를 사용하여야 함

A	B	C	D	K
일반	유류	전기	금속	주방

② 본체 용기

• 본체 용기가 변형, 손상 또는 부식된 경우 교체하여야 함
• 특히 생산이 중단된 가압식 소화기의 경우 사용 중 사용자가 목숨을 잃는 사망사고 발생 사례도 있으므로 축압식 소화기로 교체하여 주어야 함

③ 누름쇠ㆍ레버 등의 조작장치

손잡이의 누름쇠가 변형되거나 파손되면 사용 시 손잡이를 눌러도 소화약제가 방출되지 않을 수 있음

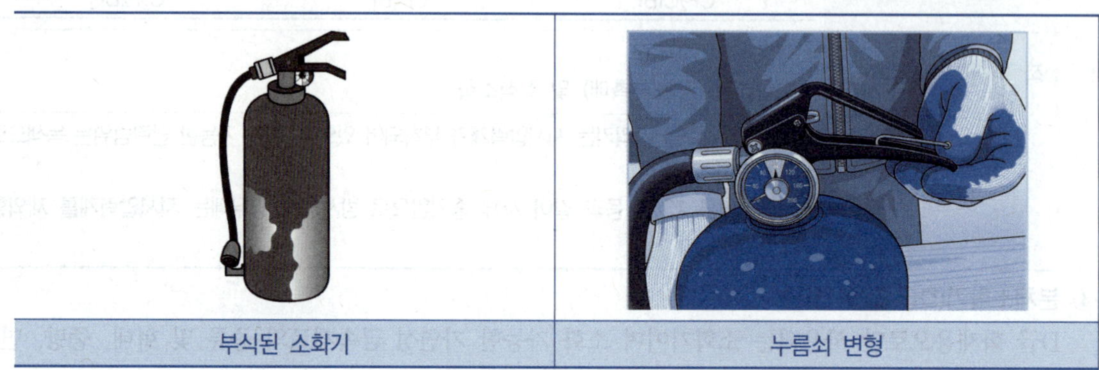

부식된 소화기	누름쇠 변형

④ 호스ㆍ혼ㆍ노즐

- 호스가 찢어지거나 노즐ㆍ혼이 파손 또는 탈락되면 찢어진 부분이나 파손된 부분으로 소화약제가 누설되어 화점으로 약제를 방출할 수 없음
- 소화기의 종류 및 그 중량에 따라 호스를 부착하지 않아도 되는 소화기도 있으며, 이 경우 소화기 본체에 직접 노즐 또는 혼이 부착되어 있음

호스 파손	호스 탈락	노즐 파손

⑤ 지시압력계 ★

노란색(황색)	녹색	적색
압력 부족	압력 정상	압력 높음

소화기 지시압력계 불량	소화기 지시압력계 정상

⑥ 소화약제

분말소화기	분말소화약제가 굳거나 고형화된 것이 있는지 점검하여야 하며 지시압력계가 정상(녹색)범위라 하더라도 소화약제가 굳어 있다면 화재 시 정상 사용이 불가능함
지시압력계가 없는 이산화탄소소화기	• 소화약제가 방출되었는지 확인하기 위하여 소화기의 전체 무게를 측정하여 소화기의 제원표에 있는 소화기의 총중량과 비교하여 소화약제 방출 여부를 점검 • 제원표의 총중량에서 측정된 소화기의 무게를 빼면 손실된 약제중량이 계산되며, 손실량이 제원표 약제중량의 5% 초과 시 불량임

⑦ 안전핀

안전핀의 탈락 및 변형 여부를 점검

⑧ 자동확산소화기 점검방법

소화기의 지시압력계 상태를 확인

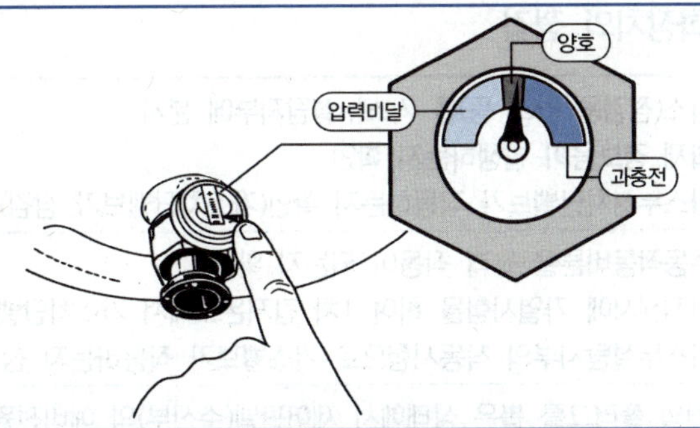

자동확산소화기 점검

⑨ 소화기 사용순서

소화기 이동	• 화점에 근접 시 화상 주의 • 통상 2~3m 거리두기
안전핀 제거	바닥에 내려놓은 후 한 손은 소화기의 몸통을 잡고 다른 한 손으로는 안전핀 제거
화점에 조준	한 손은 손잡이, 한 손은 노즐을 잡고 화점을 향하게 함
방사	바람을 등지고 화점을 향하여 비로 쓸듯이 골고루 방사

1 주거용 주방자동소화장치의 개념

주거용 주방에 설치된 열 발생 조리기구의 사용으로 인한 화재 발생 시 열원(전기 또는 가스)을 자동으로 차단하며 소화약제를 방출하는 소화장치

2 자동소화장치 원리

① 조리기구에서 화재 및 연기 발생
② 감지부에서 화재 및 연기 감지
③ 자동으로 소화약제를 방출하고 가스누설차단밸브를 작동하여 가스 차단

3 주거용 주방자동소화장치의 점검

가스누설탐지부 점검	• 가스(점검용 가스 등)를 가스누설탐지부에 분사 • 화재 경보음이 발생하는지 확인 • 가스누설차단밸브가 작동하는지 확인(가스차단밸브가 잠김)
가스누설차단밸브 시험	• 수동작동버튼을 눌러 작동이 되는지 확인 • 감지센서에 가열시험을 하여 1차 감지온도에서 가스차단밸브가 작동하는지 점검 • 가스누설탐지부의 작동시험으로 가스밸브가 작동하는지 점검
예비전원시험	전원의 플러그를 뽑은 상태에서 제어판넬(수신부)의 예비전원램프가 점등되면 정상
감지부 시험	• 감지센서에 가열시험기로 가열하여 작동하는 방법 • 1차 감지하면 경보 및 가스차단밸브 작동, 2차 감지하면 소화약제 방출

※ 감지부의 직접시험은 약제방출의 우려가 있으므로 수신부에서 2차 감지하여 소화기용기밸브 작동 출력신호를 보내는 회로를 차단하여 1차, 2차 시험을 할 수 있으나 조심스러운 시험임

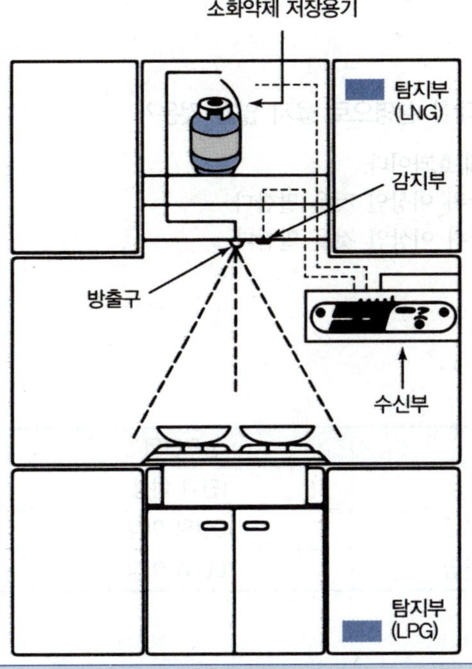

주거용 주방자동소화장치

★ 단원별 핵심점검

이것만은 꼭 소화설비 핵심요약

☑ 소화기 내용연수: 10년
☑ 소화기 보행거리: 소형 20m 이내, 대형 30m 이내
☑ 화재등급: A급(일반 · 재 ○) / B급(유류 · 재 ×) / C급(전기) / D급(금속) / K급(주방)
☑ 능력단위 기준: 위락 $30m^2$ / 공연 · 의료 $50m^2$ / 근린 · 공장 $100m^2$ / 기타 $200m^2$
☑ 소화기 지시압력계: 황색(압력 부족), 녹색(압력 정상), 적색(압력 높음)

○× 빠른 체크 소화설비 핵심점검

01 소형소화기의 보행거리는 30m 이내이다. (○ , ×)

02 유류화재(B급)는 타고 나면 재가 남는다. (○ , ×)

03 소화기의 내용연수는 10년이다. (○ , ×)

04 위락시설의 능력단위 기준은 바닥면적 $50m^2$마다 1단위 이상이다. (○ , ×)

05 대형소화기 A급의 능력단위는 20단위 이상이다. (○ , ×)

01	×	02	×	03	○	04	×	05	×

01

다음 중 ABC급 대형소화기에 대한 설명으로 옳지 않은 것은?

① 소화효과는 질식, 부촉매(억제)효과이다.
② A급 화재는 능력단위가 10단위 이상인 것을 말한다.
③ B급 화재는 능력단위가 30단위 이상인 것을 말한다.
④ 주성분은 제1인산암모늄이다.

정답 ③

해설

소화기의 능력단위 및 보행거리

종류		능력단위	보행거리
소형소화기		1단위 이상	20m 이내
대형 소화기	A급	10단위 이상	30m 이내
	B급	20단위 이상	

02

다음은 축압식 분말소화기의 지시압력계이다. 이에 대한 설명으로 옳은 것은?

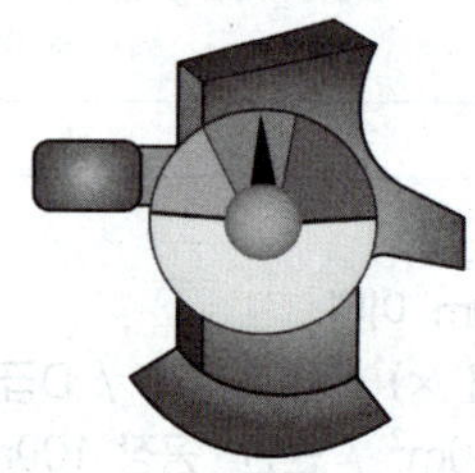

① 압력이 부족한 상태이다.
② 압력이 0.7MPa을 가리키게 되면 소화기를 교체하여야 한다.
③ 지시압력이 0.7 ~ 0.98MPa에 위치하고 있으므로 정상이다.
④ 소화약제를 정상적으로 방출하기 어려울 것으로 보인다.

정답 ③

해설

축압식 분말소화기의 지시압력계

노란색(황색)	녹색	적색
압력 부족	압력 정상	압력 높음

→ 지시압력계에서 사용 가능한 압력범위는 녹색(0.7 ~ 0.98Mpa)으로 표시되어 있다.

03

다음 중 K급 화재의 적응물질로 옳은 것은?

① 목재

② 유류

③ 동·식물성 유지

④ 금속류

정답 ③

해설

소화기의 적응화재별 표시 분류

종류	기준	표시
일반화재 (A급 화재)	나무, 섬유, 종이, 고무, 플라스틱류와 같은 일반 가연물이 타고 나서 재가 남는 화재	A
유류화재 (B급 화재)	인화성 액체, 가연성 액체, 석유 그리스, 타르, 오일, 유성도료, 솔벤트, 래커, 알코올 및 인화성 가스와 같은 유류가 타고 나서 재가 남지 않는 화재	B
전기화재 (C급 화재)	전류가 흐르고 있는 전기기기, 배선과 관련된 화재	C
금속화재 (D급 화재)	마그네슘·합금 등 가연성 금속에서 일어나는 화재	D
주방화재 (K급 화재)	주방에서 동식물유를 취급하는 조리기구에서 일어나는 화재	K

04

다음 그림과 같이 분말소화기를 점검하였다. 점검 결과로 옳은 것은?

그림 1	그림 2	그림 3

① 그림 1, 2는 외관상 문제가 없다.

② 그림 1은 안전핀 체결상태가 불량이다.

③ 그림 1은 호스가 손상되었고, 그림 2는 호스가 탈락되었다.

④ 그림 3은 지시압력계의 압력이 부족하다.

정답 ③

해설

- 그림 1은 호스가 파손되었다.
- 그림 2는 호스가 탈락되었다.
- 그림 3은 지시압력계가 녹색을 가리키므로 압력은 정상이다.

05

다음의 내용을 참고하여 해당 층에 설치해야 하는 소화기의 능력단위와 소화기 개수를 각각 산정한 것은? (제시된 것 외에는 무시한다)

- 바닥면적은 $1,000m^2$이다.
- 용도는 근린생활시설이다.
- 건축물은 내화구조이고 내장재는 불연재료이다.
- 소화기는 ABC급 분말소화기(3단위)를 설치한다.

① 5단위, 2개
② 5단위, 4개
③ 10단위, 2개
④ 10단위, 4개

정답 ①

해설

근린생활시설은 바닥면적 $100m^2$마다 능력단위 1단위 이상이고, 내화구조 · 불연재료라 하였으므로 2배를 적용하면 다음과 같이 구할 수 있다.

- 소화기 능력단위: $\dfrac{1,000m^2}{100m^2 \times 2배} = 5단위$

- 소화기 개수: $\dfrac{1,000m^2}{100m^2 \times 2배 \times 3단위} = 1.67(올림) ≒ 2개$

➕ 꼼꼼

특정소방대상물별 소화기구의 능력단위 기준

특정소방대상물	소화기구의 능력단위
위락시설	해당 용도의 바닥면적 $30m^2$마다 능력단위 1단위 이상
공연장 · 집회장 · 관람장 · 문화재 · 장례식장 및 의료시설	해당 용도의 바닥면적 $50m^2$마다 능력단위 1단위 이상
근린생활시설 · 판매시설 · 운수시설 · 숙박시설 · 노유자시설 · 전시장 · 공동주택 · 업무시설 · 방송통신시설 · 공장 · 창고시설 · 항공기 및 자동차 관련 시설 및 관광휴게시설	해당 용도의 바닥면적 $100m^2$마다 능력단위 1단위 이상
그 밖의 것	해당 용도의 바닥면적 $200m^2$마다 능력단위 1단위 이상

※ 건축물의 주요구조부가 내화구조이고, 벽 및 반자의 실내에 면하는 부분이 불연재료 · 준불연재료 또는 난연재료로 된 특정소방대상물은 위 표의 기준면적의 2배를 해당 특정소방대상물의 기준면적으로 함

06

분말소화기의 내용연수로 옳은 것은?

① 3년
② 5년
③ 7년
④ 10년

정답 ④

해설

소화기의 내용연수는 10년으로 하고 내용연수가 지난 제품은 교체 또는 성능확인을 받아야 한다.

07

소화기의 사용방법에 대한 설명으로 옳은 것을 모두 고른 것은?

> ㉠ 적응화재에 따라 사용할 것
> ㉡ 불과 최대한 멀리 떨어져서 사용할 것
> ㉢ 바람을 마주보고 풍하에서 풍상 방향으로 사용할 것
> ㉣ 양옆으로 비로 쓸듯이 골고루 방사할 것

① ㉠, ㉡   ② ㉠, ㉢
③ ㉠, ㉣   ④ ㉠, ㉢, ㉣

 ③

소화기 사용방법
- 적응화재에 따라 사용
- 성능에 따라 방출거리 내에서 사용
- 바람을 등지고 사용
- 양옆으로 비로 쓸듯이 골고루 방사

08

소화기에 대한 작동점검 결과 다음과 같은 소화기가 있음을 발견하고 즉시 교체하였다. 작동점검 서식의 점검결과란 (가), (나)에 들어갈 내용으로 옳은 것은?

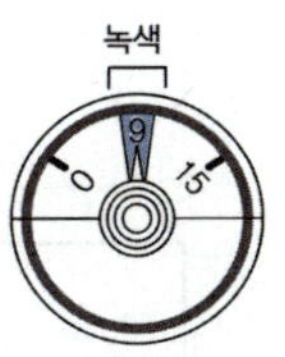

점검번호	점검항목	점검결과 (양호 ○, 불량 ×, 해당 없음)
1-A-006	소화기의 변형, 손상, 부식 등 외관의 이상 유무	(가)
설비명	**점검번호**	**점검내용**
소화설비	1-A-006	(나)

① (가) ○, (나) 해당 없음   ② (가) ×, (나) 해당 없음
③ (가) ×, (나) 안전핀 탈락   ④ (가) ○, (나) 손잡이 누름쇠 변형

 ③

- 지시압력계가 녹색에 위치하므로 정상압력이다.
- 안전핀이 고정되어 있지 않아 레버가 눌릴 경우 소화약제가 방사될 수 있으므로 불량이다.

09

자동소화장치의 구조를 나타낸 아래 그림에서 ㉠의 명칭으로 옳은 것은?

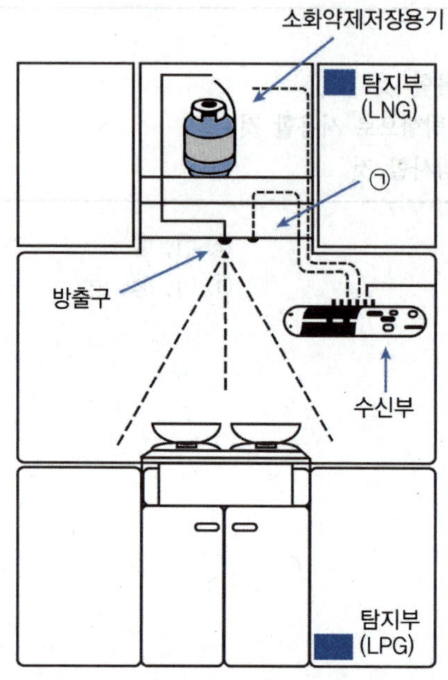

① 가스누설차단밸브 ② 수동조작밸브
③ 감지부 ④ 수신부

 정답 ③

해설

주거용 주방자동소화장치

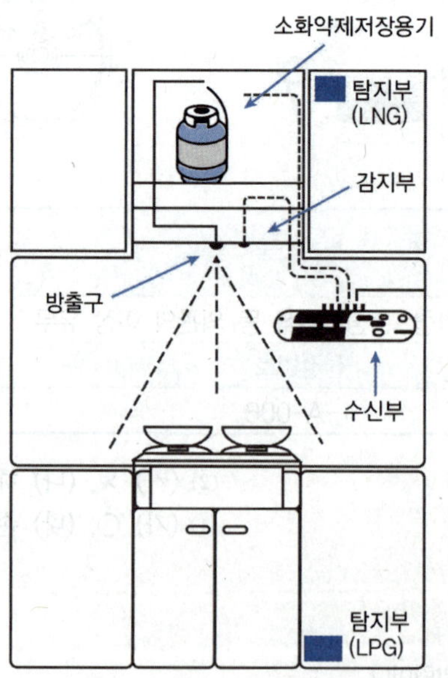

10

다음 중 특정소방대상물의 각 부분으로부터 1개의 소화기까지의 보행거리로 옳은 것은?

① 소형소화기: 10m 이내, 대형소화기: 20m 이내
② 소형소화기: 15m 이내, 대형소화기: 20m 이내
③ 소형소화기: 20m 이내, 대형소화기: 30m 이내
④ 소형소화기: 20m 이내, 대형소화기: 35m 이내

정답 ③

해설

소화기의 능력단위 및 보행거리

종류		능력단위	보행거리
소형소화기		1단위 이상	20m 이내
대형소화기	A급	10단위 이상	30m 이내
	B급	20단위 이상	

11

소화기의 작동점검 시 점검결과의 조치내용으로 옳은 것은? (현재시점은 2026년이다)

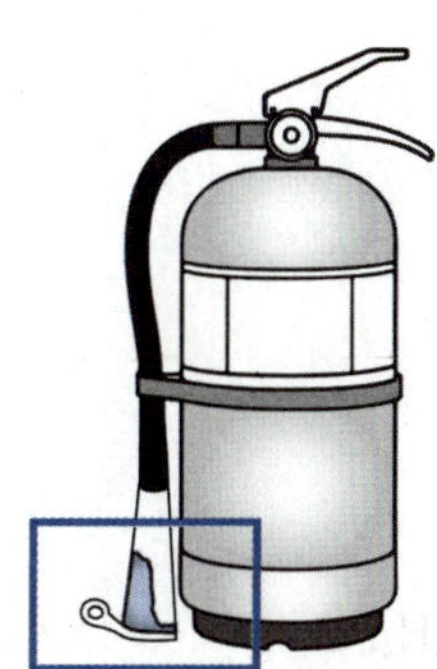

주의사항
1. 매월 1회 이상 지시압력계의 바늘이 정상위치에 있는가를 확인한다.
2. 소화기 설치 시에는 태양의 직사광선과 고온다습의 장소를 피한다.
3. 사용 시에는 바람을 등지고 방사하고 사용 후에는 내부약제를 완전 방출하여야 한다.
4. 사람을 향하여 방사하지 마십시오

※ 소화약제 물질 안전자료 관련정보(MDDS 정보)
  ① 위험물질 정보(0.1% 초과 시 목록): 없음
  ② 내용물의 5%를 초과하는 화학물질목록: 제1인산암모늄, 석분
  ③ 위험한 약제에 관한 정보: 폐자극성 분진

제조연월	2020.11

① 소화기 외관점검 시 불량내용에 대하여 조치를 한 경우, 점검결과에 기록하지 않는다.
② 노즐이 경미하게 파손되었지만 정상적인 소화활동을 위하여 노즐을 즉시 교체하였다.
③ 레버가 파손되어 소화기를 즉시 교체하였다.
④ 내용연수가 초과되어 소화기를 교체하였다.

정답 ②

해설

소방대상물의 관계인은 소방시설을 항상 정상적으로 작동할 수 있는 상태로 유지·관리해야 하므로 노즐이 경미하게 파손되었더라도 즉시 교체하여 원래의 기능을 확보해야 한다.

12

다음 중 간이소화용구를 모두 고른 것은?

㉠ 에어로졸식 소화용구	㉡ 투척용 소화용구
㉢ 팽창질석	㉣ 팽창진주암
㉤ 마른모래(모래주머니)	

① ㉠, ㉡

② ㉠, ㉡, ㉣

③ ㉠, ㉡, ㉢, ㉤

④ ㉠, ㉡, ㉢, ㉣, ㉤

 정답 ④

해설

간이소화용구(소화기와 구분되는 별도의 소화용구)

• 에어로졸식 소화용구
• 투척용 소화용구
• 소공간용 소화용구
• 소화약제 이외의 것을 이용한 간이소화용구(팽창질석, 팽창진주암, 마른모래 등)

13

다음 분말소화기의 주성분 약제는 무엇인가?

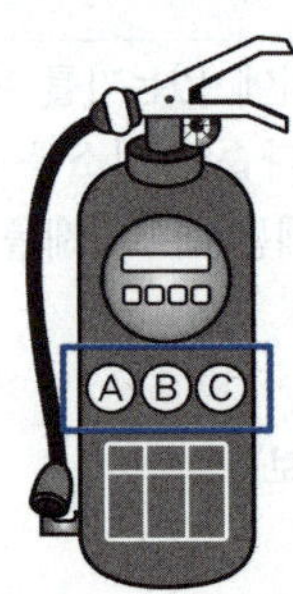

① $NH_4H_2PO_4$

② $NaHCO_3$

③ $KHCO_3$

④ $KHCO_3 + (NH_2)_2CO$

 정답 ①

해설

분말소화기의 소화약제 및 적응화재

소화약제	명칭	주성분	적응화재	소화효과
제1종	탄산수소나트륨	$NaHCO_3$	BC	질식효과 · 억제(부촉매)효과
제2종	탄산수소칼륨	$KHCO_3$	BC	
제3종	인산암모늄	$NH_4H_2PO_4$	ABC	
제4종	탄산수소칼륨 + 요소	$KHCO_3 + (NH_2)_2CO$	BC	

14

소화기 점검 후 점검결과표의 작성으로 가장 적합한 것은?

소화기 점검사항		

번호	점검항목	점검결과
1-A-006	소화기의 변형손상 또는 부식 등 외관의 이상 여부	㉠
1-A-007	지시압력계(녹색 범위)의 적정 여부	㉡

설비명	점검항목	불량내용
소화설비	1-A-007	㉢
	1-A-008	

	㉠	㉡	㉢
①	○	×	약제량 부족
②	○	×	외관 부식, 호스 파손
③	×	○	외관 부식, 호스 파손
④	×	○	약제량 부족

정답 ③

해설

㉠ 호스가 파손되었고 소화기가 부식되어 있어 외관의 이상이 있다(×).

㉡ 지시압력계가 녹색범위를 가리키고 있으므로 적정 범위이다(○).

㉢ 불량내용은 소화기 외관 부식과 호스 파손이다.

CHAPTER 03 옥내(외)소화전설비 · 스프링클러 설비 · 가스계 소화설비

01 옥내소화전설비

1 개요

건축물 내에 설치하는 소방시설로 건축물 내에서 화재발생 시 소방대상물 관계자 또는 자체소방대원이 호스 및 노즐을 통해 방사되는 물을 이용해 소화하는 물소화설비

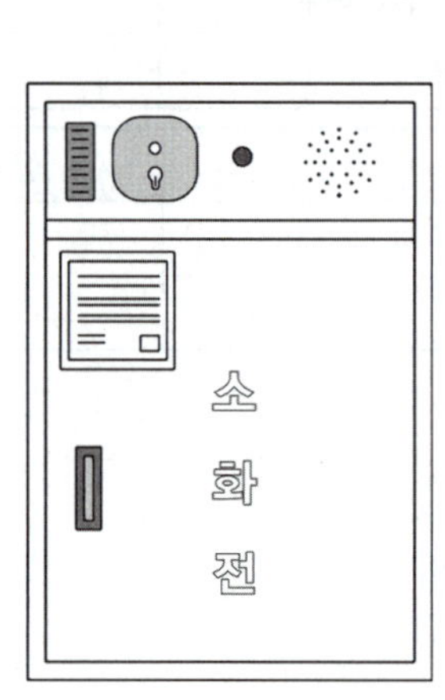

옥내소화전함

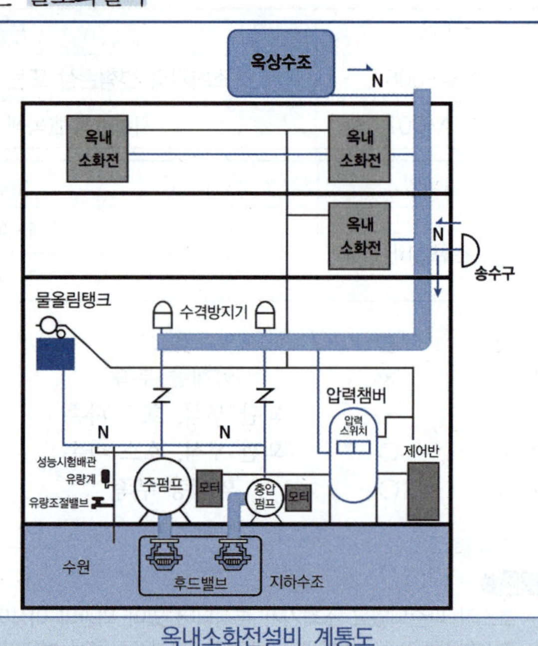

옥내소화전설비 계통도

2 성능(방수량과 방수압력)

특정소방대상물의 어느 층에 있어서도 해당 층의 옥내소화전(2개 이상인 경우 2개, 고층건축물의 경우 최대 5개)을 동시에 방수할 경우 각 소화전 노즐에서 다음의 성능이 요구됨

방수량	방수압력
130L/min 이상	0.17MPa 이상 0.7MPa 이하

3 구성요소

① 가압송수장치 ★

펌프방식	• 기동용 수압개폐장치 • 전동기(모터) 또는 엔진에 연결된 펌프를 이용해 가압 및 송수가 이루어지며 옥내소화전설비 전용 펌프 사용이 원칙

고가수조방식	• 자연낙차압을 이용하는 방식 • 최고층 소화전에 규정 방수압을 얻을 수 있는 높이에 수조를 설치해야 하므로 일반 건물에서는 거의 사용하지 못함
압력수조방식	• 압력수조 내 물을 압입하고 압축된 공기를 충전하여 송수하는 방식 • 탱크의 설치 위치에 구애받지 않음
가압수조방식	• 별도의 압력탱크에 가압원인 압축공기 또는 불연성 고압 기체에 의해 소방용수를 가압하여 송수하는 방식 • 전원이 필요하지 않음

② 배관

• 순환배관과 릴리프밸브

순환배관	릴리프밸브
펌프의 체절운전 시 수온이 상승하여 펌프에 무리가 발생하므로 순환배관상의 수온상승 방지를 위해 설치	과압 방출

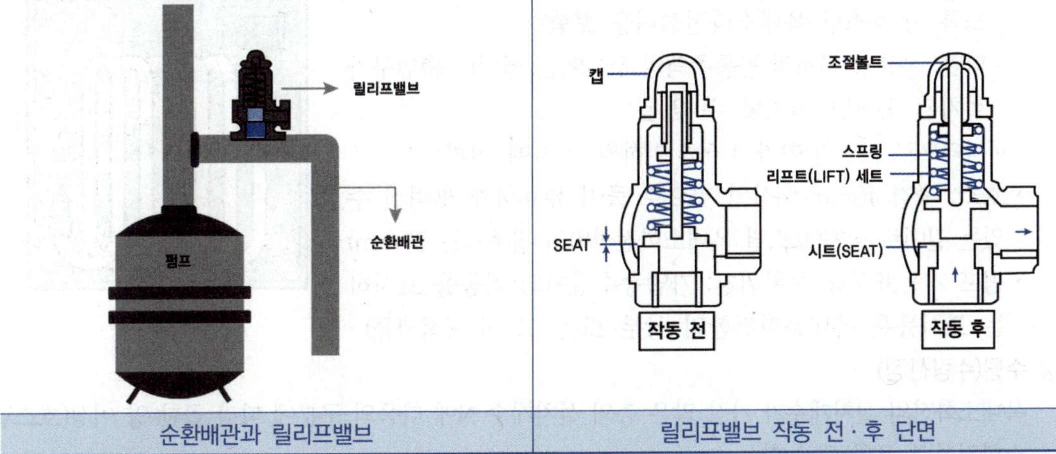

순환배관과 릴리프밸브	릴리프밸브 작동 전·후 단면

※ 릴리프밸브는 동작 전 홀더로 막혀있다가 릴리프밸브가 동작하면서 스프링에 의해 홀더가 열리고 순환하면서 과압을 방출

• 기동용 수압개폐장치(압력챔버, 기동용 압력스위치): 펌프방식 중 자동기동 방식에서 사용하는 장치로, 배관 내 압력 변화를 검지하여 자동적으로 펌프를 기동 또는 정지시키는 역할 수행

용적	100L 이상
안전밸브	과압방출
압력스위치	압력의 증감을 전기적 신호로 변환
배수밸브	압력챔버의 물 배수
개폐밸브	점검 및 보수 시 급수 차단
압력계	압력챔버 내의 압력 표시

- 펌프의 자동기동 및 정지: 수압 변화 감지 → 설정된 펌프의 기동 및 정지점이 될 때 자동으로 펌프를 기동 및 정지함
- 압력변화에 따른 설비 보호: 펌프 기동 시 상부의 공기가 완충작용 → 급격한 압력변화에 따른 주변기기의 충격·손상 방지

- 성능시험배관
  - 정기적으로 펌프의 성능을 시험하여 펌프 성능곡선의 양부 및 방수압과 토출량을 검사하기 위하여 설치
  - 개폐밸브, 유량계, 유량조절밸브로 이루어짐

③ 소화전함 등 ★★
- 방수구
  - 층마다 설치하되, 특정소방대상물의 각 부분으로부터 1개의 옥내소화전 방수구까지의 수평거리는 25m 이하가 되도록 함(호스릴 옥내소화전설비를 포함)
  - 다만, 복층형 구조의 공동주택의 경우에는 세대의 출입구가 설치된 층에만 설치할 수 있음
  - 바닥으로부터 높이가 1.5m 이하의 위치에 설치
- 호스: 구경 40mm 이상의 것으로 물이 유효하게 뿌려질 수 있는 길이로 설치(호스릴 옥내소화전설비의 경우에는 25mm)
- 펌프 기동표시등 설치위치: 가압송수정치의 기동을 표시하는 표시등은 옥내소화전함의 상부 또는 그 직근(적색등)

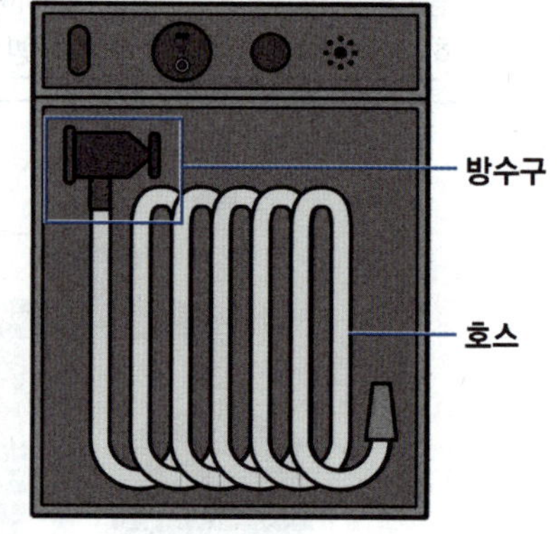

④ 수원(수량산정) ★
옥내소화전의 설치개수가 가장 많은 층의 설치개수 N에 다음의 구분에 따라 곱한 양 이상(호스릴옥내소화전설비 포함)으로 함

층수	수량 산정	N 최대 개수
29층 이하	N × 2.6m³(130L/min × 20분) 이상	2개
30 ~ 49층	N × 5.2m³(130L/min × 40분) 이상	5개
50층 이상	N × 7.8m³(130L/min × 60분) 이상	5개

※ 29층 이하의 일반건물: 설치개수 N은 최대 2개까지로 설정
　고층건축물(층수가 30층 이상이거나 높이가 120m 이상인 건축물) 설치개수 N은 최대 5개까지로 설정

4 점검 및 시험

① 수원의 점검
수조의 수위계 등을 이용한 수원의 양 적정 여부를 확인

② **펌프성능시험**

- **펌프성능시험 절차**

준비	• 제어반에서 주, 충압펌프 정지 – 감시제어반: 선택스위치 정지위치 – 동력제어반: 선택스위치 수동위치 • 펌프토출측 밸브 폐쇄 • 설치된 펌프의 현황(토출량, 양정)을 파악하여 펌프성능시험을 위한 표 작성 • 유량계에 100%, 150% 유량 표시
체절운전	펌프토출측 밸브와 성능시험배관의 유량조절밸브를 잠근 상태, 즉 펌프의 토출량을 '0'인 상태로 펌프를 기동해 체절압력을 확인하여 정격토출압력의 140% 이하인지와 체절운전 시 체절압력 미만에서 릴리프밸브가 작동하는지 확인하는 시험
정격부하운전 (100% 유량운전)	펌프를 기동한 상태에서 유량조절밸브를 개방하여 유량계의 유량이 정격유량상태(100%)일 때, 정격토출압 이상이 되는지를 확인하는 시험 • 성능시험배관상의 개폐밸브를 완전 개방하고, 유량조절밸브를 약간만 개방 • 주펌프 수동기동 • 유량조절밸브를 서서히 개방하여 유량계 정격토출량(100% 유량)일 때의 압력 측정 • 주펌프 정지
최대운전 (150% 유량운전)	유량조절밸브를 더욱 개방하여 유량계의 유량이 정격토출량의 150%가 되었을 때 정격토출압의 65% 이상이 되는지 확인하는 시험
복구	• 성능시험배관상의 개폐밸브와 유량조절밸브 폐쇄, 펌프토출측 밸브 개방 • 제어반에서 주, 충압펌프 선택스위치 자동전환(충압펌프 자동전환 후 주펌프 자동전환)

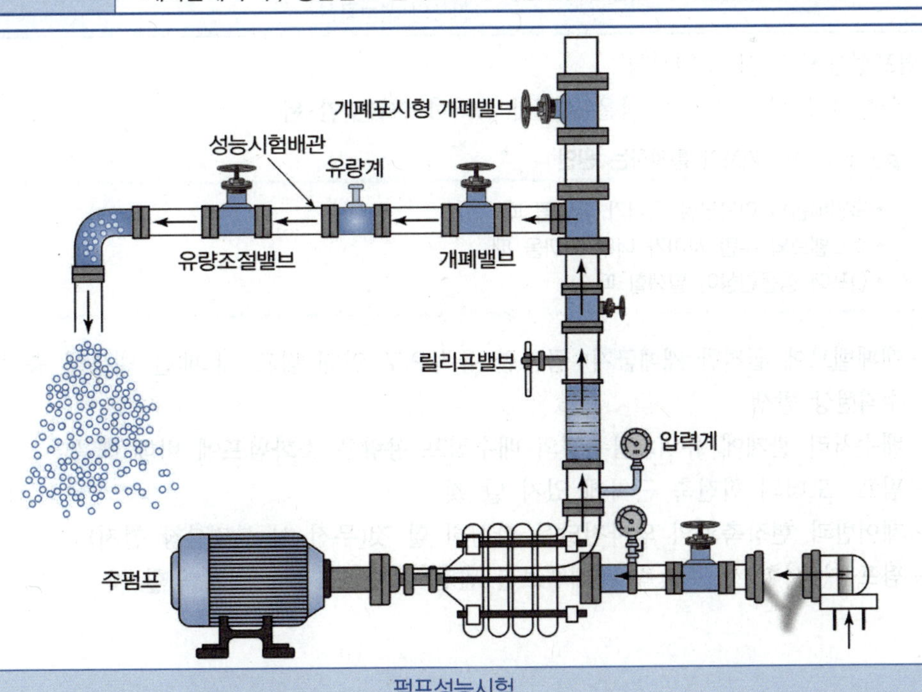

펌프성능시험

- 펌프성능 판단 ★★

운전단계	판단 기준
체절운전	• 체절압력이 정격토출압력의 140% 이하인지 확인 • 체절운전 시 체절압력 미만에서 릴리프밸브가 작동하는지 확인
정격부하운전	유량이 100%(정격유량 상태)일 때 압력계의 압력이 정격압력 이상이 되는지 확인
최대운전	유량이 정격토출량의 150%가 되었을 때, 압력계의 압력이 정격토출압의 65% 이상이 되는지 확인

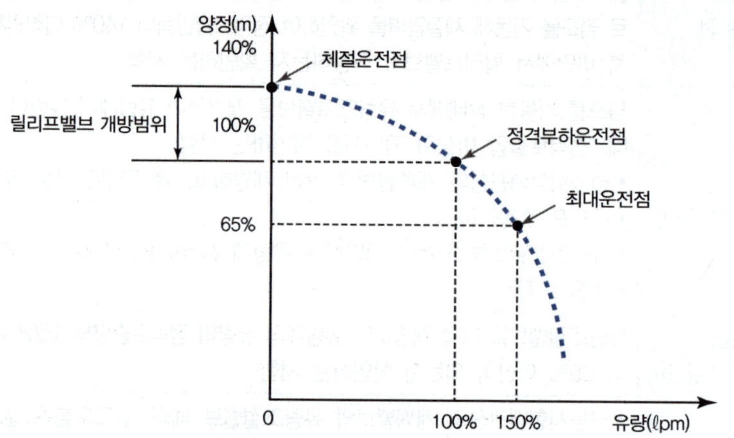

펌프의 성능곡선

- 펌프성능시험 시 주의사항
  - 성능시험 시 유량계에 작은 기포가 통과하여서는 안 됨

  📝 더 알아보기 **기포가 통과하는 원인**

  > • 흡입배관의 이음부로 공기가 유입될 때
  > • 후드밸브와 수면 사이가 너무 가까울 때
  > • 펌프에 공동현상이 발생할 때

  - 개폐밸브에 급격한 개폐금지: 급격한 유속으로 인해 펌프 내 배관 내부에 충격이 가해지는 수격현상 발생
  - 배수처리 관계에 유의: 집수정의 배수펌프 용량은 소화펌프에 비해 작음
  - 펌프·모터의 회전축 근처에 있지 말 것
  - 제어반과 현장측과의 의사전달을 확실히 할 것(무전 시 복명복창 철저)
  - 펌프성능시험 시 토출측 개폐밸브를 완전히 폐쇄한 후 점검에 임할 것

③ 방수압력 및 방수량의 측정 ★★
- 방수압력과 방수량의 측정은 어느 층에 있어서도 2개 이상 설치된 경우에는 2개(설치개수가 1개인 경우에는 1개)를 개방시켜 놓고 측정해야 함
- 방수압력 측정: 방수구에 호스를 결속한 상태로 노즐의 선단에 방수압력 측정계(피토게이지)를 근접(D/2)시켜서 측정하여 방수압력 측정계(피토게이지)의 압력계상의 눈금을 확인

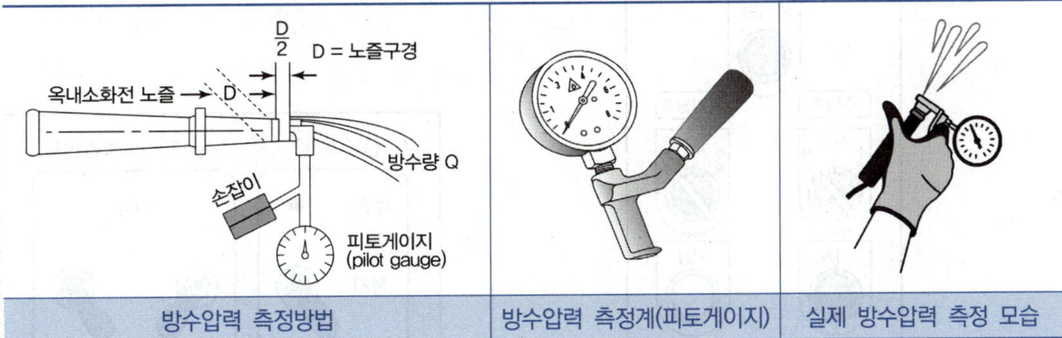

방수압력 측정방법	방수압력 측정계(피토게이지)	실제 방수압력 측정 모습

- 방수량 산정: 측정한 방수압력을 다음 식에 대입하여 산출

$$Q = 2.065 \times D^2 \times \sqrt{p}$$

- Q: 분당방수량(L/min)
- D: 관경(또는 노즐의 구경 mm)[옥내소화전: 13mm, 옥외소화전: 19mm]
- p: 방수압력(MPa)

- 측정 시 주의사항 ★★
  - 초기방수 시 물속 이물질이나 공기가 완전히 배출된 후 측정
  - 반드시 직사형 관창을 이용하여 측정
  - 피토게이지는 봉상주수(막대모양 분사) 상태에서 직각으로 측정

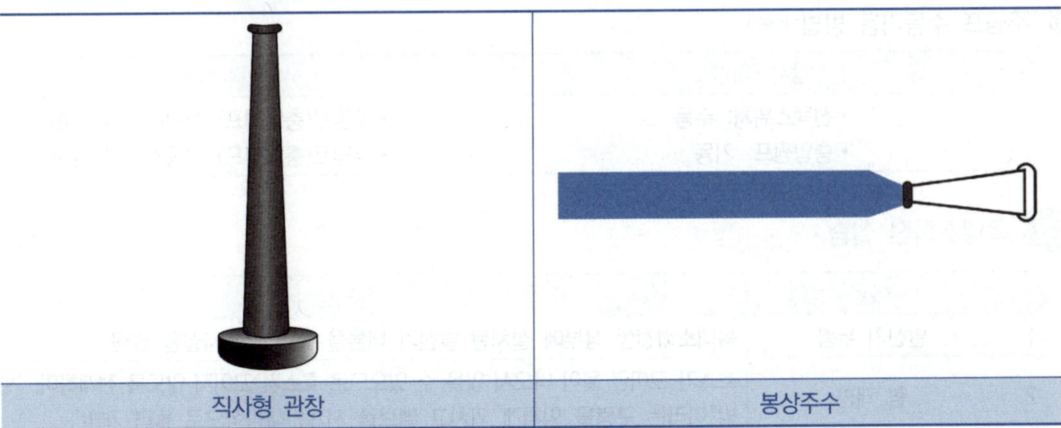

직사형 관창	봉상주수

- 방수압력 측정 시 정상압력: 0.17MPa 이상 0.7MPa 이하

④ 동력제어반의 스위치와 표시등 ★★★

- 펌프운전 선택스위치는 자동(AUTO)위치에 있는지 확인
- 선택스위치가 자동의 위치에 있어야 배관 내 압력 저하 시 소화펌프가 자동으로 작동되므로 자동의 위치에 있는지 확인

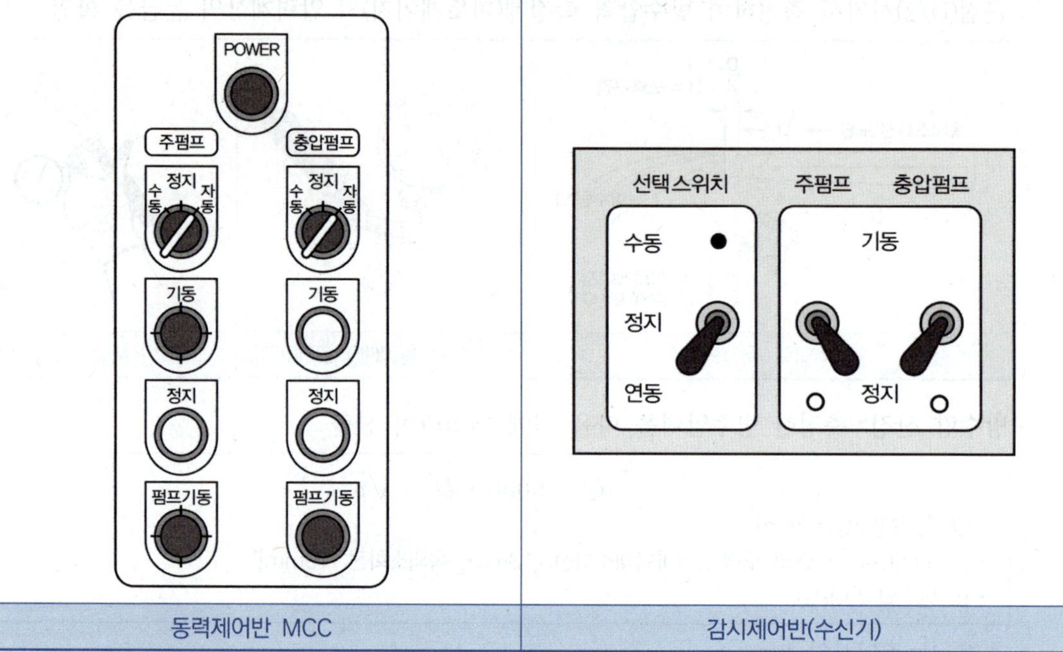

동력제어반 MCC	감시제어반(수신기)

⑤ 감시제어반의 스위치와 표시등 ★★★

- 소화전 주펌프와 충압펌프의 운전 선택스위치가 자동위치에 있는지 확인
- 펌프압력스위치 표시등과 저수위감시스위치 표시등이 소등되어 있는지 확인

⑥ 주펌프 수동기동 방법 ★★★

감시제어반	동력제어반
• 선택스위치: 수동 • 충압펌프: 기동	• 주펌프(충압펌프) 선택스위치: 수동 • 주펌프(충압펌프) 기동스위치: 누름

5 옥내소화전 실습

순서	내용	유의점
1	발신기 누름	옥내소화전함 상부에 설치된 발신기 버튼을 눌러 화재사실을 알림
2	함 개방	호스가 꼬이면 물이 나오지 않을 수 있으므로 호스가 꼬이지 않도록 전개하며, "밸브개방"이라는 구령을 힘차게 외치고 밸브를 시계반대방향으로 돌려 개방
3	화점으로 이동	–
4	밸브 개방	방수 시 한 손은 관창선단을 잡고 다른 한 손은 결합부를 잡은 상태에서 호스를 최대한 몸에 밀착시킴

5	방수	–
6	밸브 폐쇄	밸브를 폐쇄하는 경우에도 "밸브폐쇄"라는 구령을 크게 외치고, 밸브는 완전히 폐쇄될 수 있도록 함
7	동력제어반에서 펌프정지	–
8	음지에서 호스 건조	–
9	호스 정리	–

02 옥외소화전설비 ★★

① **개념**

건축물 외부에 설치하는 물소화설비로서 외부에서 소화 및 인접 건축물에 대한 연소 확대 방지를 위하여 설치하는 설비

② **수원의 용량**

소화전 설치개수(2개 이상일 때는 2개)에 7m³를 곱한 양 이상일 것

③ **방수량과 방수압력**

방수량	방수압력
350L/min 이상	0.25MPa 이상 0.7MPa 이하

④ **옥외소화전함 등**

옥외소화전설비에는 옥외소화전마다 그로부터 5m 이내의 장소에 소화전함을 다음과 같이 설치

설치개수	설치기준
옥외소화전이 10개 이하 설치된 때	옥외소화전마다 5m 이내에 1개 이상의 소화전함 설치
옥외소화전이 11개 ~ 30개 설치된 때	11개 이상의 소화전함을 각각 분산하여 설치
옥외소화전이 31개 이상 설치된 때	옥외소화전 3개마다 1개 이상의 소화전함 설치

※ 옥외소화전함의 상부 또는 그 직근에는 가압송수장치의 기동을 명시하는 적색등 설치

📝 **더 알아보기   옥내소화전설비와 옥외소화전설비 비교 ★★★**

구분	옥내소화전설비	옥외소화전설비
방수량	130L/min 이상	350L/min 이상
방수압력	0.17MPa 이상 0.7MPa 이하	0.25MPa 이상 0.7MPa 이하
호스구경	40mm(호스릴 25mm)	65mm
최소방출시간	• 20분: 29층 이하 • 40분: 30 ~ 49층 이하 • 60분: 50층 이상	20분
설치거리	수평거리 25m 이하	수평거리 40m 이하
표시등	적색등	

 스프링클러설비 ★★

물을 소화약제로 하는 자동식 소화설비로서 화재가 발생한 경우에 소방대상물의 천장, 벽 등에 설치되어 있는 스프링클러헤드에서 자동으로 물이 방사되어 냉각 및 질식효과를 통해 화재를 진압할 수 있는 소화설비

1 스프링클러설비의 구조

① 헤드
- 구조

프레임(Frame)	헤드의 나사 부분과 반사판(디플렉터)을 연결하는 이음쇠 부분
반사판(디플렉터)	헤드의 방수구에서 유출되는 물을 세분시키는 작용을 함
감열체	정상상태에서는 방수구를 막고 있으나 열의 의해서 일정한 온도에 도달하면 스스로 파괴 또는 용해되어 헤드로부터 이탈됨으로써 방수구가 열려 스프링클러헤드가 작동되도록 하는 부분으로 퓨즈블링크와 유리벌브가 많이 사용됨

스프링클러헤드의 구조

- 방수압력 및 방수량

방수압력	0.1MPa 이상 1.2MPa 이하	방수량	80L/min 이상

- 헤드의 기준개수 ★

스프링클러설비의 설치장소에 따라 적용하는 헤드의 기준개수는 다음과 같으며, 이때 하나의 소방대상물이 2 이상의 '스프링클러헤드의 기준개수'란에 해당하는 때에는 기준개수가 많은 것을 기준으로 함

설치장소			기준개수
지하층을 제외한 층수가 10층 이하인 특정소방대상물	공장	특수가연물을 저장 · 취급하는 것	30
		그 밖의 것	20
	근린생활시설 · 판매시설 · 운수시설 또는 복합건축물	판매시설 또는 복합건축물(판매시설이 설치되는 복합건축물)	30
		그 밖의 것	20
	그 밖의 것	헤드의 부착높이가 8m 이상인 것	20
		헤드의 부착높이가 8m 미만인 것	10
지하층을 제외한 층수가 11층 이상인 특정소방대상물, 지하가 또는 지하역사			30

- 폐쇄형 스프링클러헤드 저수량 기준 ★

층수 구분	저수량 산정
29층 이하	헤드 기준개수 × 1.6m³ 이상
30 ~ 49층	헤드 기준개수 × 3.2m³ 이상
50층 이상	헤드 기준개수 × 4.8m³ 이상

- 개방형 스프링클러헤드 저수량 기준

최대 방수구역에 설치된 헤드 개수가 30개 이하	설치헤드수 × 1.6m³ 이상
30개 초과	수리계산에 따를 것

- 종류

감열체 유무에 따른 분류	• 폐쇄형 스프링클러헤드: 감열체 있음 • 개방형 스프링클러헤드: 감열체 없음
부착방식에 따른 분류	상향형, 하향형, 측벽형

② 배관

구분	가지배관	교차배관
개념	스프링클러헤드가 설치되어 있는 배관	직접 또는 수직배관을 통하여 가지배관에 급수하는 배관
특징	• 토너먼트 배관 방식이 아닐 것 • 교차배관에서 분기되는 지점을 기준으로 한쪽 가지배관에 설치되는 헤드의 개수: 8개 이하	• 위치: 가지배관과 수평 또는 밑에 설치 • 교차배관 끝에 청소구를 설치하고 나사보호용의 캡으로 마감

2 스프링클러설비의 종류

① 습식 스프링클러설비 ★

습식 유수검지장치(알람밸브)를 중심으로 1, 2차측 배관이 가압수로 유지되어 있다가 화재 시 열에 의한 헤드 개방으로 배관 내의 유수가 발생하여 소화하는 방식

※ 추운 환경에서는 파이프 내의 물이 얼어붙을 위험이 있어, 이러한 조건에서는 사용하기에 적합하지 않음

- 작동순서 ★
  - 화재 발생
  - 헤드 개방 및 방수
  - 2차측 배관 압력 저하
  - 1차측 압력에 의해 습식 유수검지장치의 클래퍼 개방
  - 습식 유수검지장치의 압력스위치 작동 → 사이렌 경보, 감시제어반의 화재표시등, 밸브개방 표시등 점등
  - 배관 내 압력 저하로 기동용 수압개폐장치의 압력스위치 작동 → 펌프 기동

- 습식 유수검지장치(알람밸브): 밸브 본체 내부의 클래퍼를 중심으로 2차측(헤드측)의 수압이 낮아지면 1차측(펌프측)의 압력으로 클래퍼가 개방되며, 클래퍼가 개방되면서 시트링 홀로 물이 들어가 압력스위치를 작동시켜 제어반에 사이렌, 화재표시등, 밸브개방표시등의 신호를 전달하는 장치

> 클래퍼 개방 → 시트링 홀로 물 유입 → 압력스위치 작동 → 사이렌 작동, 화재표시등, 밸브개방등 점등

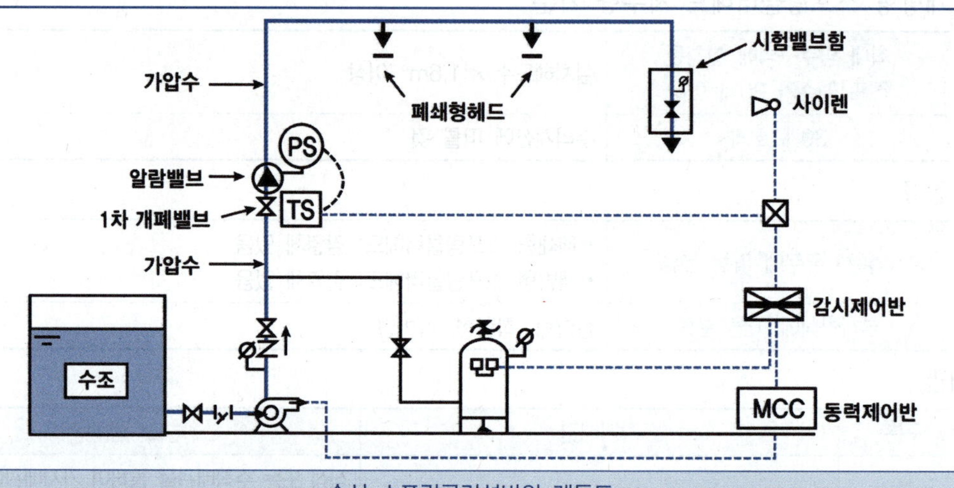

습식 스프링클러설비의 계통도

📌 더 알아보기 스프링클러설비의 작동순서

습식 스프링클러설비	준비작동식 스프링클러설비

• 화재 발생
• 헤드 개방 및 방수
• 2차측 배관 압력 저하
• 1차측 압력에 의해 습식 유수검지장치의 클래퍼 개방
• 습식 유수검지장치의 압력스위치 작동 → 사이렌 경보, 감시제어반의 화재표시등, 밸브개방표시등 점등
• 배관 내 압력 저하로 기동용 수압개폐장치의 압력스위치 작동 → 펌프 기동
	• 화재 발생
	• 교차회로 방식의 A or B감지기 작동(경종 또는 사이렌 경보, 화재표시등 점등)
	• 감지기 A and B감지기 작동 또는 수동기동장치(SVP) 작동
	• 준비작동식 유수검지장치 작동
	  – 전자밸브(솔레노이드밸브) 작동
	  – 중간챔버 감압
	  – 밸브 개방
	  – 압력스위치 작동 → 사이렌 경보, 밸브개방표시등 점등
	• 2차측으로 급수
	• 헤드 개방, 방수
	• 배관 내 압력 저하로 기동용 수압개폐장치의 압력스위치 작동 → 펌프 기동

② 건식 스프링클러설비

건식 밸브를 중심으로 1차측 배관은 가압수로, 2차측 배관은 압축공기 또는 축압된 가스상태로 유지되며 화재 시 열에 의한 헤드 개방 후 압축공기 또는 가압가스의 방출로 인한 배관의 압력차의 발생으로 살수되는 방식

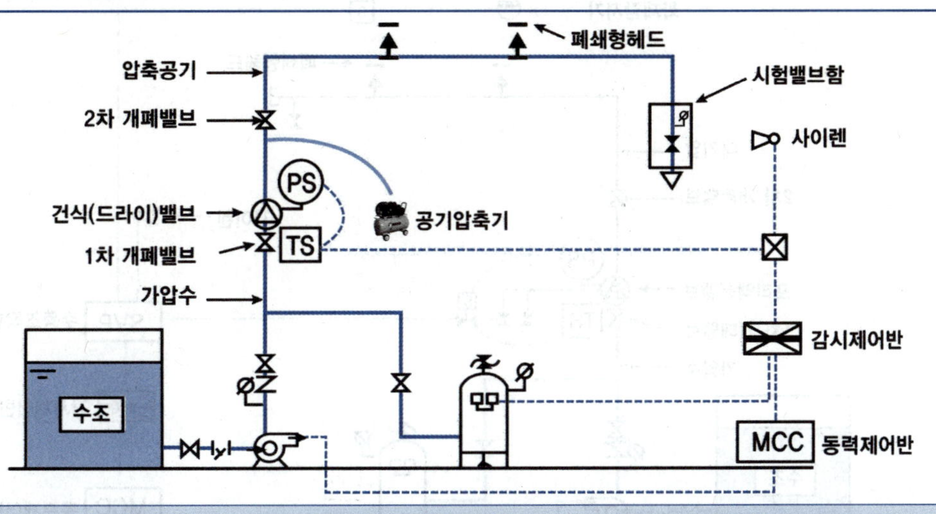

건식 스프링클러설비의 계통도

③ 준비작동식 스프링클러설비

준비작동식 유수검지장치(프리액션밸브)를 중심으로 1차측은 가압수로, 2차측은 대기압 상태로 유지되어 있다가 화재 발생 시 감지기의 작동으로 2차측 배관에 소화수가 충수된 후 화재 시 열에 의한 헤드 개방으로 배관 내의 유수가 발생하여 소화하는 방식

• 작동순서 ★
 - 화재 발생
 - 교차회로 방식의 A or B감지기 작동(경종 또는 사이렌 경보, 화재표시등 점등)
 - 감지기 A and B감지기 작동 또는 수동기동장치(SVP) 작동
 - 준비작동식 유수검지장치 작동
  ⓐ 전자밸브(솔레노이드밸브) 작동
  ⓑ 중간챔버 감압
  ⓒ 밸브 개방
  ⓓ 압력스위치 작동 → 사이렌 경보, 밸브개방표시등 점등
 - 2차측으로 급수
 - 헤드 개방, 방수
 - 배관 내 압력 저하로 기동용 수압개폐장치의 압력스위치 작동 → 펌프 기동

📖 더 알아보기 **준비작동식 유수검지장치 작동**

화재표시등 및 A감지기, B감지기 지구표시등 점등 여부 확인

- 준비작동식 유수검지장치(프리액션밸브): 준비작동식 유수검지장치는 A, B감지기가 모두 작동하면 중간챔버와 연결된 전자밸브(솔레노이드밸브)가 개방되면서 중간챔버의 물이 배수되어 다이어프램(클래퍼)이 밀려 1차측 배관의 물이 2차측으로 유수됨

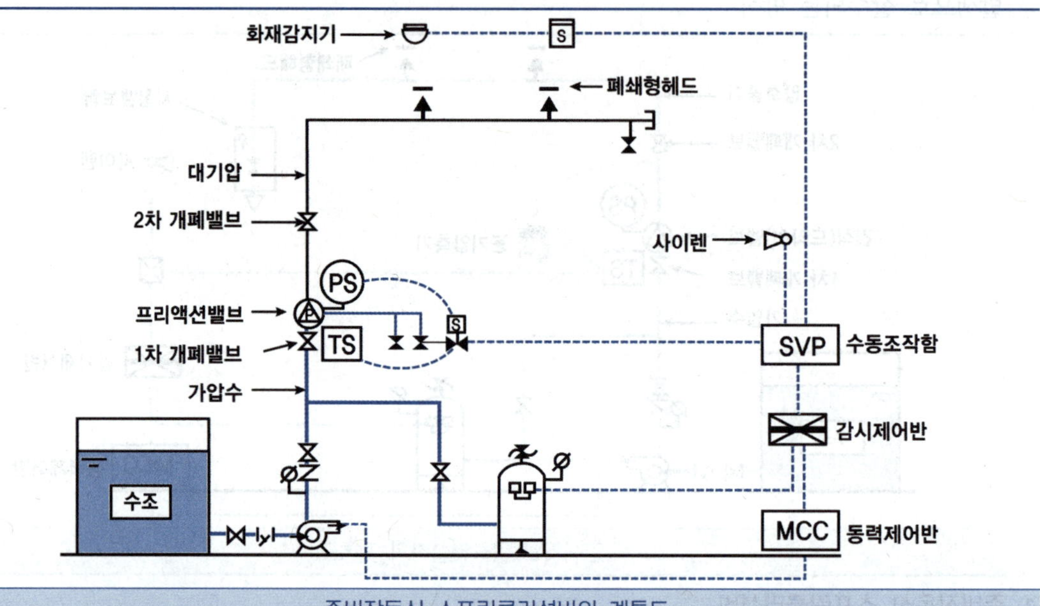

준비작동식 스프링클러설비의 계통도

④ 일제살수식 스프링클러설비 ★

일제개방밸브를 중심으로 1차측은 가압수로, 2차측은 대기압 상태이며 감지기 작동 시 담당구역의 모든 헤드에서 살수되는 방식

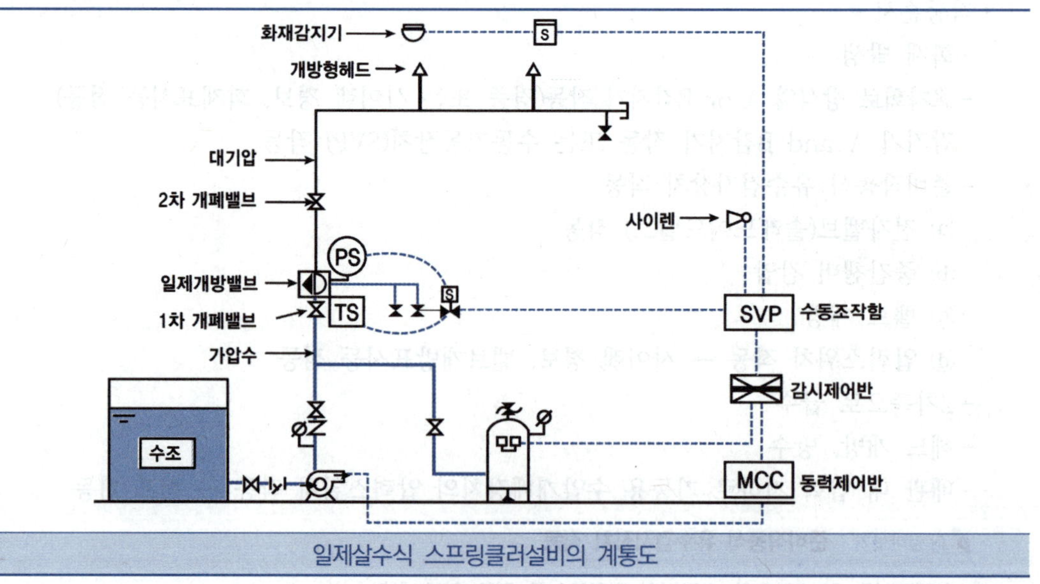

일제살수식 스프링클러설비의 계통도

3 스프링클러설비의 종류별 특징 및 장·단점 ★

구분	폐쇄형			개방형
	습식	건식	준비작동식	일제살수식
내용물	배관 내 가압수	• 1차측: 가압수 • 2차측: 압축공기	• 1차측: 가압수 • 2차측: 대기압	• 1차측: 가압수 • 2차측: 대기압
주요 구성요소	• 자동경보밸브 • 압력스위치 • 탬퍼스위치	• 건식밸브 • 가속기 • 공기배출기 • 공기압축기 • 압력스위치 • 탬퍼스위치	• 준비작동밸브 • 수동조작함 • 압력스위치 • 화재감지기 • 수동기동장치	• 일제개방밸브 • 화재감지기 • 수동기동장치 • 탬퍼스위치
장점	• 구조가 간단하고 공사비 저렴 • 소화가 신속 • 타 방식에 비해 유지관리 용이	동결 우려 장소 및 옥외 사용 가능	• 동결 우려 장소 사용 가능 • 헤드오작동(개방) 시 수손피해 우려 없음 • 헤드 개방 전 경보로 조기대처 용이	• 초기화재에 신속대처 용이 • 층고가 높은 장소에서도 소화 가능
단점	• 동결 우려 장소 사용 제한 • 헤드 오작동 시 수손피해 및 배관 부식 촉진	• 살수개시 시간 지연 및 복잡한 구조 • 화재초기 압축공기에 의한 화재 촉진 우려 • 일반헤드인 경우 상향형으로 시공하여야 함	• 감지장치로 감지기 별도 시공 필요 • 구조 복잡, 시공비 고가 • 2차측 배관 부실시공 우려	• 대량 살수로 수손 피해 우려 • 화재감지장치 별도 필요

4 스프링클러설비의 점검

① 습식 스프링클러설비의 점검
- 작동
  - 시험장치 개폐밸브(시험밸브)를 개방하여 가압수를 배출시킴
  - 알람밸브 2차측 압력이 저하되어 클래퍼가 개방(작동)됨
  - 지연장치에 의해 설정시간 지연 후 압력스위치가 작동됨
- 확인사항
  - 감시제어반(수신기) 확인사항
    ⓐ 화재표시등 점등 확인
    ⓑ 해당 구역 밸브개방표시등 점등 확인
  - 해당 방호구역의 경보(사이렌)상태 확인
  - 소화펌프 자동기동 여부 확인
- 복구

펌프 자동정지 시	• 시험장치 개폐밸브(시험밸브)를 잠금 • 가압수에 의해 2차측 배관이 가압되면 클래퍼가 자동으로 복구되며 배관 내 압력을 채운 뒤 펌프는 자동으로 정지됨

펌프 수동정지 시	• 시험장치 개폐밸브(시험밸브)를 잠금 • 충압펌프는 자동상태로 두고, 주펌프만 수동으로 정지(가압수에 의해 2차측 배관이 가압되면 클래퍼가 자동으로 복구되며 배관 내 압력을 채운 뒤 충압펌프는 자동으로 정지됨)

② **준비작동식 스프링클러설비의 점검**

- 준비
  - 경보로 인한 혼란을 방지하기 위해 사전 통보 후 점검하거나 또는 수신반에서 경보스위치를 정지시킨 후 시험에 임함
  - 2차측 개폐밸브를 잠그고 배수밸브를 개방시킨 상태로 점검
- 작동
  - 해당 방호구역의 감지기 2개 회로 작동
  - SVP(수동조작함)의 수동조작스위치 작동
  - 밸브 자체에 부착된 수동기동밸브 개방
  - 감시제어반(수신기) 측의 준비작동식 유수검지장치 수동기동스위치 작동
  - 감시제어반(수신기)에서 동작시험스위치 및 회로선택스위치로 작동(2회로 작동)

  ※ 준비작동식 스프링클러설비 밸브개방시험 전에 1차측 개방, 2차측은 폐쇄되어 있어야 물이 방사되지 않아 안전함

- 작동방법

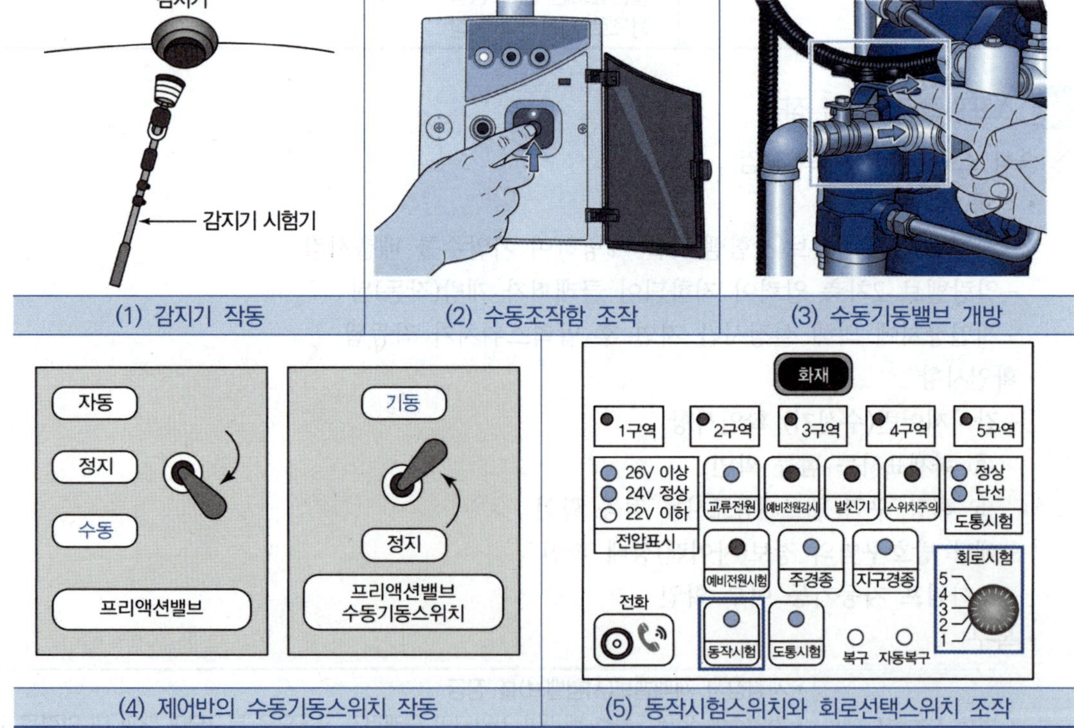

• 확인사항

A or B감지기 작동 시	• 화재표시등, A감지기 or B감지기 지구표시등 점등 여부 확인 • 경종 또는 사이렌 경보 확인
A and B감지기 작동 시	• 화재표시등 및 A감지기, B감지기 지구표시등 점등 여부 확인 • 전자밸브(솔레노이드밸브) 작동 여부 확인 • 화재수신반 밸브개방표시등 점등 여부 확인 • 사이렌 경보 확인 • 펌프 자동기동 여부 확인

※ 습식·건식 스프링클러설비는 감지기를 사용하지 않지만 준비작동식·일제살수식 스프링클러설비는 감지기를 사용함

04 가스계 소화설비

1 약제종류에 의한 분류

① 이산화탄소소화설비

이산화탄소를 고압가스용기에 저장해두었다가 화재 발생 시 수동 또는 자동조작에 의하여 배관을 통해 화재지점에 이산화탄소를 방출하여 질식 및 냉각작용으로 화재를 소화하는 설비

장점	단점
• 가연물 내부에서 연소하는 심부화재에 적합 • 화재 진화 후 깨끗 • 피연소물에 피해가 적음 • 비전도성이므로 전기화재에 좋음	• 사람에게 질식의 우려가 있음 • 방사 시 동상의 우려와 소음이 큼 • 설비가 고압이므로 특별한 주의와 관리가 필요

② 할론소화설비, 할로겐화합물 및 불활성기체소화설비

할론소화설비	할론소화약제 사용 → 질식, 냉각 및 억제소화
할로겐화합물 및 불활성기체소화설비	할로겐화합물 및 불활성기체 계열의 소화약제 사용

2 약제방출방식에 의한 분류

전역방출방식	밀폐된 공간에 고정된 분사헤드를 통해 방호구역 전체에 방출하는 방식	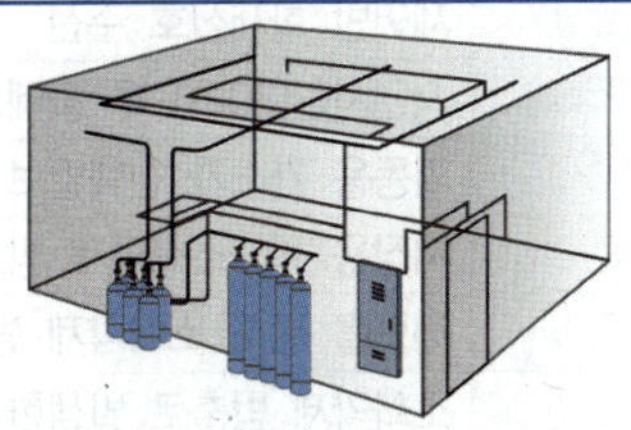

국소방출방식	화재가 발생한 부분에만 소화약제를 집중적으로 방출하는 방식	
호스릴방식	소화약제 저장용기에 호스를 연결하여 사람이 화점까지 직접 끌고 가서 방출하는 이동식 소화방식	

3 주요 구성요소

저장용기	필요한 만큼의 소화약제를 저장하는 용기(기밀시험과 내압시험에 합격한 제품을 사용하여야 함)
기동용 가스용기	솔레노이드밸브의 파괴침이 작동하면 기동용기의 기동용 가스가 동관을 통해 방출되어 저장용기의 봉판을 파괴하고 소화약제가 방출됨
솔레노이드밸브	기동용기밸브의 봉판을 파괴하고 기동용 가스가 방출되게 하는 역할
압력스위치	방출표시등을 점등시키는 역할
선택밸브	가스계 소화설비에서 2개소 이상의 방호구역 또는 방호대상물에 대해 소화약제 저장용기를 공용으로 사용하는 경우에 사용하는 밸브로, 자동 또는 수동개방장치에 의해 개방됨
수동조작함 (수동식 기동장치)	화재 시 수동조작에 의해 소화약제를 방출하는 기능의 기동스위치와 오작동 시 방출을 지연시킬 수 있는 방출지연스위치, 전원표시등, 보호장치 등이 내장된 조작함
방출표시등	압력스위치 작동에 의해 점등되어 방호구역 안으로 거주자의 진입을 방지할 목적으로 설치
방출헤드	전역방출방식인 경우 넓은 지역에 균일하게 확산, 방사하는 천장형과 국소지점만 방사하는 나팔형, 측벽형 등이 있음

4 가스압식 전역방출방식의 작동 순서도

①	감지기 동작 또는 수동기동장치 작동
②	제어반 화재신호 수신
③	지연시간(30초) 후 솔레노이드밸브 격발, 기동용기밸브 봉판 파괴로 기동용 가스 방출되어 이동
④	기동용 가스가 선택밸브 및 저장용기 개방
⑤	저장용기의 소화약제 방출 및 이동
⑥	헤드를 통해 소화약제 방출 및 소화
⑦	소화약제 방출로 발생한 압력에 의해 압력스위치 작동
⑧	압력스위치의 신호에 의해 방출표시등 점등(화재구역 진입금지), 화재표시등 점등, 음향경보 작동, 자동폐쇄장치 작동 및 환기팬 정지 등

5 가스계 소화설비의 점검 ★

① 점검 전 안전조치

1단계	• 기동용기에서 선택밸브에 연결된 조작동관 분리 • 기동용기에서 저장용기에 연결된 개방용 동관 분리
2단계	제어반의 솔레노이드밸브 연동 정지 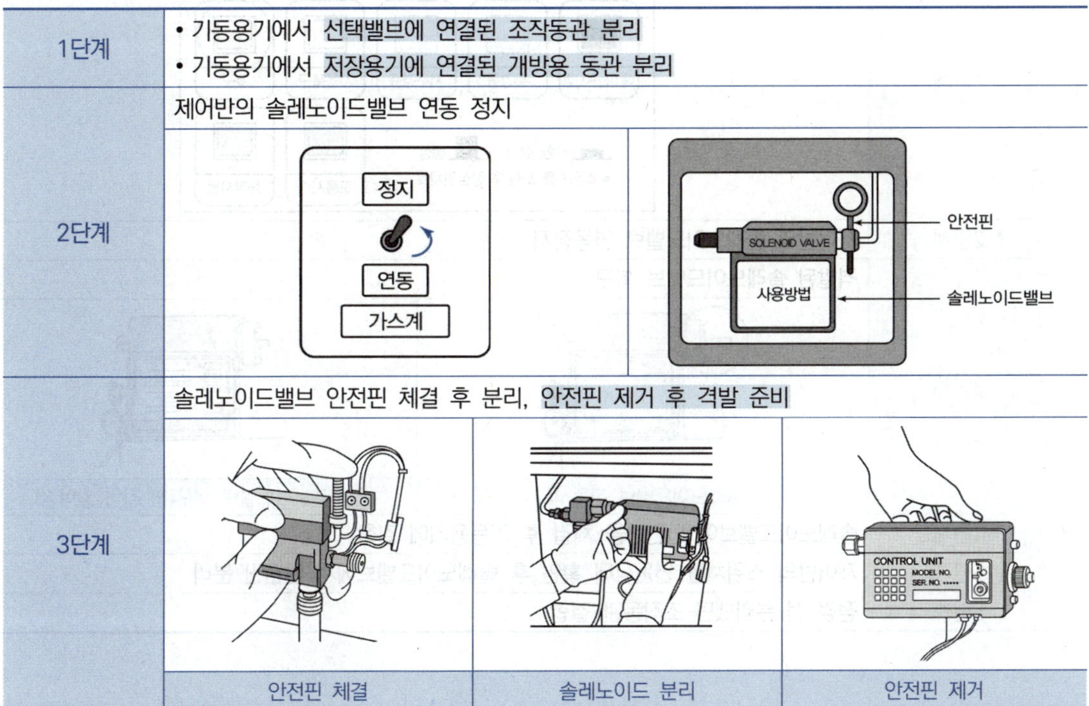
3단계	솔레노이드밸브 안전핀 체결 후 분리, 안전핀 제거 후 격발 준비

② 점검 및 확인(솔레노이드 격발시험)

• 기동용기 솔레노이드밸브 격발시험방법

수동조작버튼 작동 (즉시격발)	연동전환 후 기동용기 솔레노이드밸브에 부착되어 있는 수동조작버튼을 안전클립 제거 후 누름
수동조작함 작동	연동전환 후 수동조작함의 기동스위치 누름
교차회로 감지기 작동	연동전환 후 방호구역 내 교차회로(A, B) 감지기 작동
제어반 수동조작 스위치 작동	솔레노이드밸브 선택스위치를 수동위치로 전환 후 정지에서 기동위치로 전환하여 작동시킴

• 방출표시등 작동시험방법

1단계	압력스위치의 테스트 버튼을 당김		
2단계	방출표시등 점등 확인	수동조작함 방출등 점등 확인	제어반 방출표시등 확인
3단계	테스트 버튼을 다시 눌러 복구		

> ✏ 더 알아보기 **방출표시등 작동 확인사항**
>
> • 방호구역 출입문 상단에 설치된 방출표시등의 점등 여부
> • 수동조작함(수동기동장치) 방출등(적색) 점등 여부
> • 제어반의 방출표시등

③ 점검 후 복구방법 ★★

1단계	제어반의 복구스위치 복구
2단계	제어반의 솔레노이드밸브 연동정지
3단계	격발된 솔레노이드밸브 복구
	솔레노이드밸브 작동 후 / 솔레노이드밸브 복구(침 길이 짧아짐)
4단계	솔레노이드밸브에 안전핀을 체결 후 기동용기에 결합
5단계	제어반의 스위치를 연동상태 확인 후 솔레노이드밸브에서 안전핀 분리
6단계	점검 전 분리했던 조작동관 결합

★ 단원별 핵심점검

이것만은 꼭　**옥내(외)소화전설비 · 스프링클러설비 · 가스계 소화설비 핵심요약**

- ☑ 옥내소화전설비: 방수량 130L/min 이상, 방수압력 0.17MPa 이상 0.7MPa 이하, 호스 40mm, 수평거리 25m 이하
- ☑ 옥외소화전설비: 방수량 350L/min 이상, 방수압력 0.25MPa 이상 0.7MPa 이하, 호스 65mm, 수평거리 40m 이하
- ☑ 방수압 측정: 직사형 관창 + 피토게이지 직각 측정(봉상주수 상태)
- ☑ 스프링클러헤드 기준개수: 공장(특수가연물) · 판매 · 11층 이상 → 30개, 기타 → 20개/10개

○✕ 빠른 체크　**옥내(외)소화전설비 · 스프링클러설비 · 가스계 소화설비 핵심점검**

01　옥내소화전설비의 방수량은 350L/min 이상이다. 　(○ , ✕)

02　옥외소화전설비의 호스구경은 65mm이다. 　(○ , ✕)

03　옥내소화전설비의 방수압력 측정 시 분무형 관창을 사용한다. 　(○ , ✕)

04　가스계 소화설비 2단계에서 솔레노이드 밸브 연동을 정지한다. 　(○ , ✕)

05　부착높이 8m 미만의 스프링클러헤드 기준개수는 20개이다. 　(○ , ✕)

01	✕	02	○	03	✕	04	○	05	✕

01

옥내소화전설비의 방수량은 얼마 이상인가?

① 80L/min 이상
② 130L/min 이상
③ 250L/min 이상
④ 100L/min 이상

정답 ②

해설

옥내 · 옥외소화전설비의 방수량과 방수압력

구분	옥내소화전설비	옥외소화전설비
방수량	130L/min 이상	350L/min 이상
방수압력	0.17MPa 이상 0.7MPa 이하	0.25MPa 이상 0.7MPa 이하

02

다음에서 설명하는 건축물의 저수량으로 옳은 것은?

- 옥내소화전: 3개
- 옥외소화전: 3개
- 층수: 25층
- 소방안전관리등급: 1급

① 18.4m³ 이상
② 21.5m³ 이상
③ 19.2m³ 이상
④ 27.6m³ 이상

정답 ③

해설

- 옥내소화전설비 수원의 수량

층수	수량 산정	N 최대 개수
29층 이하	N × 2.6m³(130L/min × 20분) 이상	2개
30 ~ 49층	N × 5.2m³(130L/min × 40분) 이상	5개
50층 이상	N × 7.8m³(130L/min × 60분) 이상	5개

→ Q = 2.6N = 2.6m³ × 2 = 5.2m³
- 옥외소화전설비 수원의 양: Q = 7N(최대 2개)
   → Q = 7N = 7m³ × 2 = 14m³
- 필요한 수원의 양: 5.2m³ + 14m³ = 19.2m³이다.

03

다음은 옥내소화전설비의 방수압력 측정방법에 대한 그림이다. ( ) 안에 들어갈 내용으로 알맞은 것은?

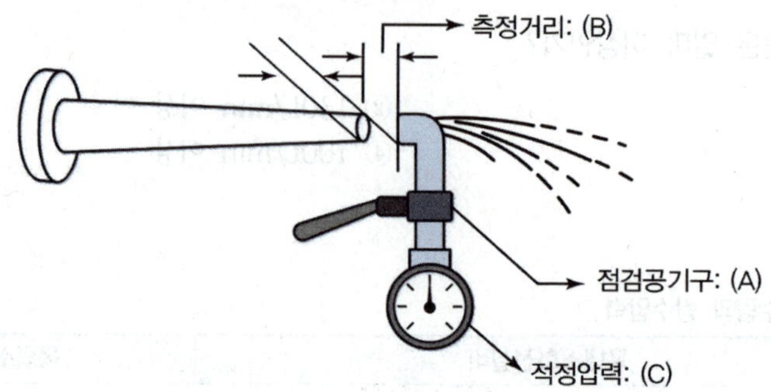

① (A) 레벨메타, (B) 노즐구경의 $\frac{1}{3}$, (C) 0.25MPa 이상 0.7MPa 이하

② (A) 레벨메타, (B) 노즐구경의 $\frac{1}{2}$, (C) 0.17MPa 이상 0.7MPa 이하

③ (A) 방수압력 측정계, (B) 노즐구경의 $\frac{1}{3}$, (C) 0.1MPa 이상 1.2MPa 이하

④ (A) 방수압력 측정계, (B) 노즐구경의 $\frac{1}{2}$, (C) 0.17MPa 이상 0.7MPa 이하

정답 ④

해설

옥내소화전설비의 방수압력 측정
- 방수구에 호스를 결속한 상태로 노즐의 선단에 방수압력 측정계(피토게이지)를 근접(D/2)시켜서 측정하여 방수압력 측정계(피토게이지)의 압력계상의 눈금을 확인한다.

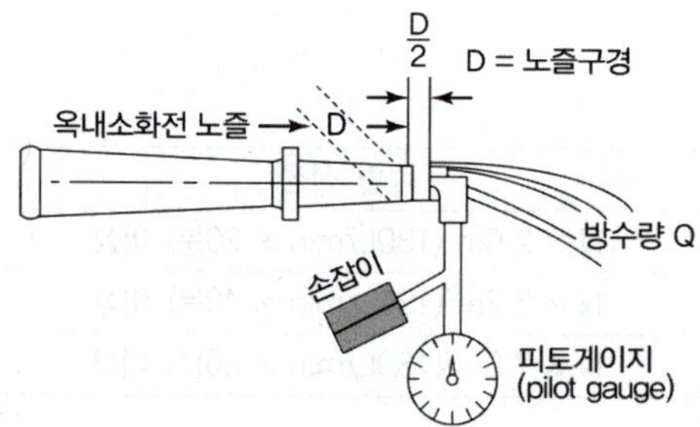

- 옥내소화전설비의 방수량과 방수압력

방수량	130L/min 이상	방수압력	0.17MPa 이상 0.7MPa 이하

04

펌프의 성능시험 중 '체절운전'에 대한 설명으로 가장 옳은 것은?

① 펌프의 토출량을 정격토출량의 150%로 하여 운전하는 시험이다.
② 펌프토출측 밸브를 개방하고 최대 유량으로 운전하는 시험이다.
③ 펌프토출측 밸브 등을 모두 잠가 토출량을 '0'인 상태로 하여 운전하는 시험이다.
④ 펌프의 유량을 조절하여 정격토출압력이 유지되는지 확인하는 시험이다.

 ③

해설

체절운전

펌프토출측 밸브와 성능시험배관의 유량조절밸브를 잠근 상태, 즉 펌프의 토출량을 '0'인 상태로 펌프를 기동해 체절압력을 확인하여 정격토출압력의 140% 이하인지와 체절운전 시 체절압력 미만에서 릴리프밸브가 작동하는지 확인하는 시험이다.

05

지하층을 제외한 층수가 10층 이하인 소방대상물 중 공장(특수가연물을 저장·취급하는 것)의 경우 스프링클러 헤드의 기준개수는?

① 10개　　　　　　　　　　　② 20개
③ 30개　　　　　　　　　　　④ 40개

 ③

해설

스프링클러헤드의 기준개수

설치장소			기준개수
지하층을 제외한 층수가 10층 이하인 특정소방대상물	공장	특수가연물을 저장·취급하는 것	30
		그 밖의 것	20
	근린생활시설·판매시설·운수시설 또는 복합건축물	판매시설 또는 복합건축물(판매시설이 설치되는 복합건축물)	30
		그 밖의 것	20
	그 밖의 것	헤드의 부착높이가 8m 이상인 것	20
		헤드의 부착높이가 8m 미만인 것	10
지하층을 제외한 층수가 11층 이상인 특정소방대상물, 지하가 또는 지하역사			30

06

다음 그림은 옥내소화전 감시제어반 중 펌프제어를 위한 스위치의 예시를 나타낸 것이다. 평상시 및 펌프점검 시 스위치 위치에 대한 설명으로 옳은 것을 모두 고른 것은?

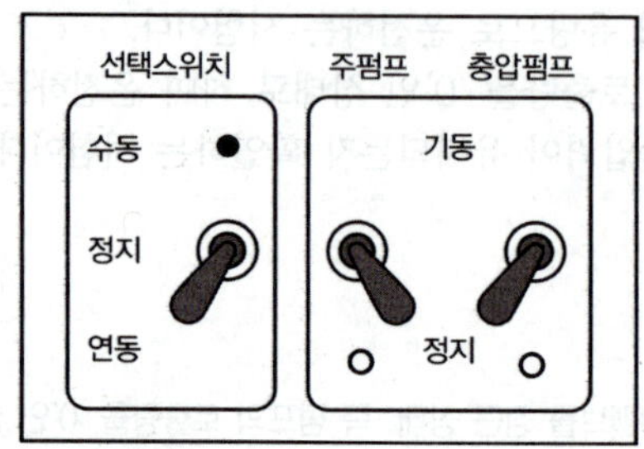

⊙ 평상시 펌프선택스위치는 '수동' 위치에 있어야 한다.
ⓒ 평상시 주펌프스위치는 '기동' 위치에 있어야 한다.
ⓒ 펌프 수동기동 시 펌프 선택스위치는 '수동'에 있어야 한다.

① ⊙
② ⓒ
③ ⊙, ⓒ
④ ⊙, ⓒ, ⓒ

정답 ②

해설

감시제어반의 스위치와 표시등
- 평상시에 펌프는 정지상태로 '자동(연동)'에 있어야 한다.
- 시험점검을 위한 수동 조작 시에는 자동/수동 절환스위치를 '수동' 위치에, 주펌프 또는 충압펌프는 '기동' 버튼을 눌러야 한다.
  → ⊙: 자동(연동), ⓒ: 정지

07

옥내소화전설비의 방수압력 측정에 대한 설명으로 옳지 않은 것은?

① 방사형 관창을 이용하여 측정한다.
② 피토게이지는 노즐 선단에 근접하여 측정한다.
③ 피토게이지는 봉상주수 상태에서 수직으로 측정해야 한다.
④ 초기 방수 시 물속에 존재하는 이물질이 완전히 배출된 후에 측정해야 한다.

정답 ①

해설

옥내소화전설비의 방수압력 측정 시 주의사항
- 초기방수 시 물속에 이물질이나 공기가 완전히 배출된 후 측정
- 반드시 직사형 관창을 이용하여 측정
- 피토게이지는 봉상주수(막대모양 분사) 상태에서 직각으로 측정
- 방수압력 측정 시 정상압력: 0.17MPa 이상 0.7MPa 이하

08

다음 그림은 가스계 소화설비 중 기동용기함의 각 구성요소를 나타낸 것이다. 가스계 소화설비 작동점검 전 가장 우선해야 하는 안전조치로 옳은 것은?

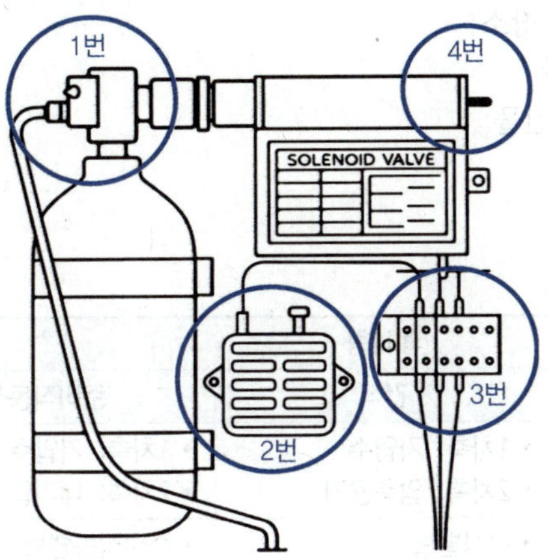

① 1번의 연결부분을 분리한다.
② 2번의 압력스위치를 당긴다.
③ 3번의 단자에 배선을 연결한다.
④ 4번의 안전핀을 체결한다.

 정답 ④

해설

가스계 소화설비의 점검 전 안전조치

안전핀 체결	솔레노이드 분리	안전핀 제거
솔레노이드 격발		

09

건식 스프링클러설비시스템이 적합한 장소로 옳은 것은?

① 즉시 방수가 필요한 병원 및 전산실
② 온도가 낮아 동결 위험이 있는 장소
③ 상시 사람이 거주하는 주거공간
④ 배관 내 압력 손실이 큰 고층 건물

정답 ②

해설

스프링클러설비의 종류별 특징

구분	폐쇄형			개방형
	습식	건식	준비작동식	일제살수식
내용물	배관 내 가압수	• 1차측: 가압수 • 2차측: 압축공기	• 1차측: 가압수 • 2차측: 대기압	• 1차측: 가압수 • 2차측: 대기압
주요 구성 요소	• 자동경보밸브 • 압력스위치 • 탬퍼스위치	• 건식밸브 • 가속기 • 공기배출기 • 공기압축기 • 압력스위치 • 탬퍼스위치	• 준비작동밸브 • 수동조작함 • 압력스위치 • 화재감지기 • 수동기동장치	• 일제개방밸브 • 화재감지기 • 수동기동장치 • 탬퍼스위치
장점	• 구조가 간단하고 공사비 저렴 • 소화가 신속 • 타 방식에 비해 유지 관리 용이	동결 우려 장소 및 옥외 사용 가능	• 동결 우려 장소 사용 가능 • 헤드오작동(개방) 시 수손피해 우려 없음 • 헤드 개방 전 경보로 조기대처 용이	• 초기화재에 신속대처 용이 • 층고가 높은 장소에서도 소화 가능
단점	• 동결 우려 장소 사용 제한 • 헤드 오작동 시 수손피해 및 배관 부식 촉진	• 살수개시 시간 지연 및 복잡한 구조 • 화재초기 압축공기에 의한 화재 촉진 우려 • 일반헤드인 경우 상향형으로 시공하여야 함	• 감지장치로 감지기 별도 시공 필요 • 구조 복잡, 시공비 고가 • 2차측 배관 부실시공 우려	• 대량 살수로 수손 피해 우려 • 화재감지장치 별도 필요

10

다음 그림에 대한 설명으로 옳은 것은?

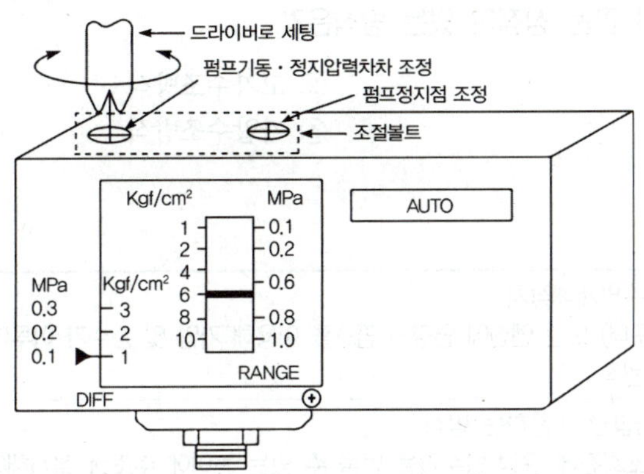

① 펌프의 정지점은 0.4MPa이다.　　② 펌프의 정지점은 0.6MPa이다.

③ 펌프의 기동점은 0.4MPa이다.　　④ 펌프의 기동점은 0.6MPa이다.

정답 ②

해설

Range	펌프의 정지압력	Diff	정지압력(Range) − 기동압력

- 정지점(Range): 0.6MPa
- Diff = 0.1MPa
- 기동점 = Range − Diff = 0.6MPa − 0.1MPa = 0.5MPa

11

최상층의 옥내소화전설비 방수압력을 시험하고 있다. 옥내소화전설비의 동력제어반 상태, 점검결과, 불량내용 순으로 옳은 것은? (단, 동력제어반 정상위치 여부만 판단한다)

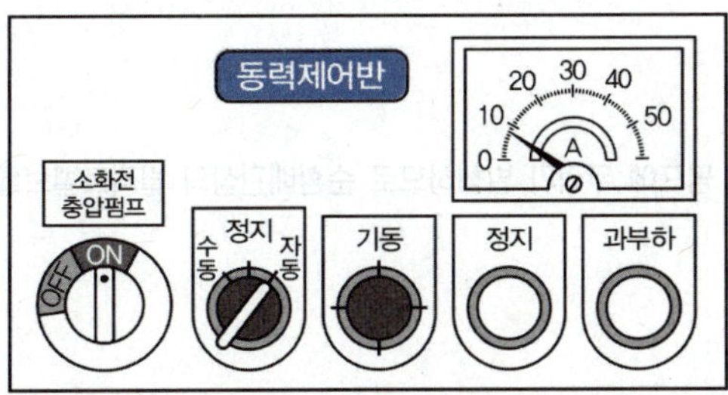

① 펌프수동기동, ×, 펌프자동기동 불가　　② 펌프수동기동, ○, 이상 없음

③ 펌프자동기동, ○, 이상 없음　　④ 펌프자동기동, ×, 알 수 없음

정답 ③

해설

- 동력제어반 선택스위치가 자동이고, 기동램프가 점등되어 있으므로 동력제어반 상태는 자동기동이다.
- 점검결과 불량내용이 이상 없으므로 점검결과는 ○이고, 불량내용은 이상 없음이다.

12

가압송수장치 중 수조 대신 압력탱크를 설치하여 물을 공급하고 압축공기를 충전하여 가압송수하는 방식으로 탱크의 설치 위치에 구애받지 않는 장점이 있는 방식은?

① 펌프방식
③ 압력수조방식
② 고가수조방식
④ 가압수조방식

정답 ③

해설

펌프방식	• 기동용 수압개폐장치 • 전동기(모터) 또는 엔진에 연결된 펌프를 이용해 가압 및 송수가 이루어지며 옥내소화전설비 전용 펌프 사용이 원칙
고가수조방식	• 자연낙차압을 이용하는 방식 • 최고층 소화전에 규정 방수압을 얻을 수 있는 높이에 수조를 설치해야 하므로 일반 건물에서는 거의 사용하지 못함
압력수조방식	• 압력수조 내 물을 압입하고 압축된 공기를 충전하여 송수하는 방식 • 탱크의 설치 위치에 구애받지 않음
가압수조방식	• 별도의 압력탱크에 가압원인 압축공기 또는 불연성 고압기체에 의해 소방용수를 가압하여 송수하는 방식 • 전원이 필요하지 않음

13

옥내소화전설비 중 체절운전 시 릴리프밸브를 통해 과압을 방출하여 수온 상승을 방지하기 위해 설치하는 것은?

① 개폐밸브
③ 순환배관
② 체크밸브
④ 성능시험배관

정답 ③

해설

순환배관

펌프의 체절운전 시 수온이 상승하여 펌프에 무리가 발생하므로 순환배관상의 릴리프밸브를 통해 과압을 방출하여 수온 상승을 방지하기 위해 설치한다.

14

다음은 옥내소화전함 등의 설치기준에 대한 설명이다. 빈칸에 알맞은 것은?

- 층마다 설치하되 소방대상물의 각 부분으로부터 1개의 옥내소화전 방수구까지의 수평거리는 [⊙] 가 되도록 할 것
- 호스는 구경 [ⓛ] 의 것으로 물이 유효하게 뿌려질 수 있는 길이로 설치

① ⊙ 20m 이하, ⓛ 40mm 이상
② ⊙ 25m 이하, ⓛ 40mm 이상
③ ⊙ 20m 이하, ⓛ 65mm 이상
④ ⊙ 25m 이하, ⓛ 65mm 이상

 ②

옥내소화전함 등의 설치기준

방수구	• 층마다 설치하되 특정소방대상물의 각 부분으로부터 1개의 옥내소화전 방수구까지의 수평거리는 25m 이하가 되도록 함(호스릴 옥내소화전설비를 포함) • 다만, 복층형 구조의 공동주택의 경우에는 세대의 출입구가 설치된 층에만 설치할 수 있음 • 바닥으로부터 높이가 1.5m 이하의 위치에 설치
호스	구경 40mm 이상의 것으로 물이 유효하게 뿌려질 수 있는 길이로 설치(호스릴 옥내소화전설비의 경우에는 25mm)

15

30층 미만인 어느 건물에 1층에 6개, 2층에 4개, 3층에 4개 옥내소화전 설치 시 소방대상물의 최소 수원의 양은?

① $2.6m^3$
② $5.2m^3$
③ $10.8m^3$
④ $13m^3$

 ②

옥내소화전설비 수원의 수량

층수	수량 산정	N 최대 개수
29층 이하	N × $2.6m^3$(130L/min × 20분) 이상	2개
30 ~ 49층	N × $5.2m^3$(130L/min × 40분) 이상	5개
50층 이상	N × $7.8m^3$(130L/min × 60분) 이상	5개

→ $Q = 2.6N = 2.6m^3 × 2 = 5.2m^3$

16

다음 그림은 옥내소화전설비의 동력제어반과 감시제어반을 나타낸 것이다. 이에 대한 설명으로 옳지 않은 것은?

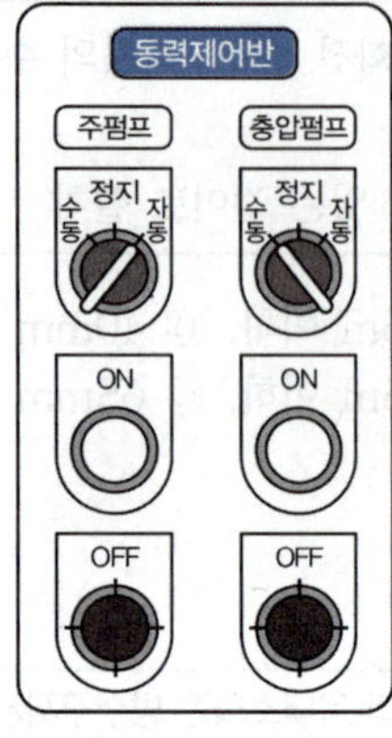
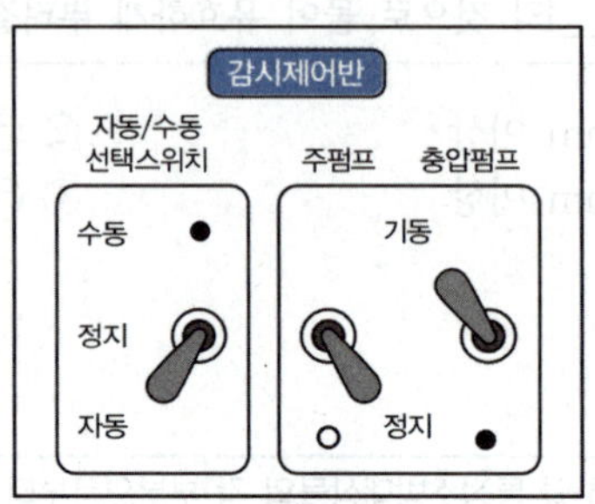

① 감시제어반은 정상상태로 유지·관리되고 있다.
② 동력제어반에서 주펌프 ON 버튼을 누르면 주펌프는 기동하지 않는다.
③ 감시제어반에서 주펌프스위치를 기동위치로 올리면 주펌프는 기동한다.
④ 동력제어반에서 충압펌프를 자동위치로 돌리면 모든 제어반은 정상상태가 된다.

 **정답** ③

해설

감시제어반의 스위치와 표시등
- 평상시에 펌프는 정지상태로 '자동(연동)'에 있어야 한다.
- 시험점검을 위한 수동 조작 시에는 자동/수동 절환스위치를 '수동' 위치에, 주펌프 또는 충압펌프는 '기동' 버튼을 눌러야 한다.
→ 감시제어반에서 선택스위치를 수동으로 올리고 주펌프스위치를 기동으로 올려 주어야 주펌프는 기동한다.

17

옥외소화전은 소방대상물의 각 부분으로부터 호스접결구까지 수평거리가 몇 m 이하가 되도록 설치해야 하는가?

① 20m 이하
② 25m 이하
③ 40m 이하
④ 65m 이하

 **정답** ③

해설

구분	옥내소화전설비	옥외소화전설비
방수량	130L/min 이상	350L/min 이상
방수압	0.17MPa 이상 0.7MPa 이하	0.25MPa 이상 0.7MPa 이하
호스구경	40mm(호스릴 25mm)	65mm
최소방출시간	• 20분: 29층 이하 • 40분: 30~49층 이하 • 60분: 50층 이상	20분
설치거리	수평거리 25m 이하	수평거리 40m 이하
표시등	적색등	

18

습식 스프링클러설비의 작동순서를 올바르게 나열한 것은?

> ㉠ 화재 발생
> ㉡ 헤드 개방 및 방수
> ㉢ 2차측 배관 압력 저하
> ㉣ 1차측 압력에 의해 습식 유수검지장치의 클래퍼 개방
> ㉤ 습식유수검지장치의 압력스위치 작동 → 사이렌 경보, 감시제어반 화재표시등, 밸브 개방표시등 점등
> ㉥ 배관 내 압력 저하로 기동용 수압개폐장치의 압력스위치 작동 → 펌프 기동

① ㉠ → ㉡ → ㉢ → ㉣ → ㉤ → ㉥
② ㉠ → ㉢ → ㉡ → ㉣ → ㉤ → ㉥
③ ㉠ → ㉣ → ㉤ → ㉢ → ㉡ → ㉥
④ ㉠ → ㉤ → ㉡ → ㉢ → ㉣ → ㉥

정답 ①

해설

습식 스프링클러설비의 작동순서
- 화재 발생
- 헤드 개방 및 방수
- 2차측 배관 압력 저하
- 1차측 압력에 의해 습식 유수검지장치의 클래퍼 개방
- 습식유수검지장치의 압력스위치 작동 → 사이렌 경보, 감시제어반 화재표시등, 밸브 개방표시등 점등
- 배관 내 압력 저하로 기동용 수압개폐장치의 압력스위치 작동 → 펌프 기동

19

1차측은 가압수, 2차측 배관은 대기압 상태로 감지기 작동 시 담당구역의 모든 헤드에서 살수되는 스프링클러설비는?

① 습식 스프링클러설비
② 건식 스프링클러설비
③ 준비작동식 스프링클러설비
④ 일제살수식 스프링클러설비

정답 ④

해설

일제살수식 스프링클러설비: 일제개방밸브를 중심으로 1차측은 가압수로, 2차측은 대기압 상태이며 감지기 작동 시 담당구역의 모든 헤드에서 살수되는 방식이다.

20

습식 스프링클러설비 시험밸브 개방 시 감시제어반의 표시등이 점등되어야 할 것으로 옳은 것은? (단, 설비는 정상상태이며, 주어지지 않은 조건은 무시한다)

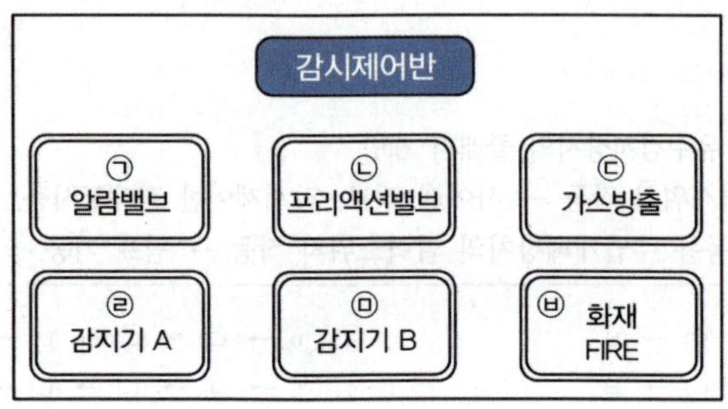

① ㉠. ㉥ ② ㉡, ㉢
③ ㉢, ㉣ ④ ㉣, ㉤

정답 ①

해설

습식 스프링클러설비의 확인사항
- 감시제어반(수신기) 확인사항
  - 화재표시등 점등확인
  - 해당 구역 밸브개방표시등 점등 확인
- 해당 방호구역의 경보(사이렌)상태 확인
- 소화펌프 자동기동 여부 확인

21

다음 중 가스계 소화설비의 점검 전 안전조치를 순서대로 나열한 것으로 옳은 것은?

㉠ 솔레노이드밸브 분리
㉡ 연결된 조작동관 분리
㉢ 감시제어반 연동정지
㉣ 솔레노이드밸브 안전핀 제거

① ㉡ → ㉢ → ㉣ → ㉠ ② ㉡ → ㉢ → ㉠ → ㉣
③ ㉡ → ㉠ → ㉢ → ㉣ ④ ㉢ → ㉡ → ㉣ → ㉠

정답 ②

해설

가스계 소화설비의 점검 전 안전조치
- 기동용기에서 선택밸브의 연결된 조작동관 분리
- 솔레노이드밸브 연동 '정지'상태에 두기
- 솔레노이드밸브에 연결된 안전핀 체결 → 솔레노이드 분리 → 안전핀 제거

CHAPTER 04 경보설비

01 자동화재탐지설비

1 개요

화재 초기에 발생하는 열, 연기 또는 불꽃 등을 감지기에 의해 감지하여 자동적으로 경보를 발함으로써 화재를 조기에 발견하여 조기통보, 초기소화, 조기피난을 가능하게 하기 위한 설비

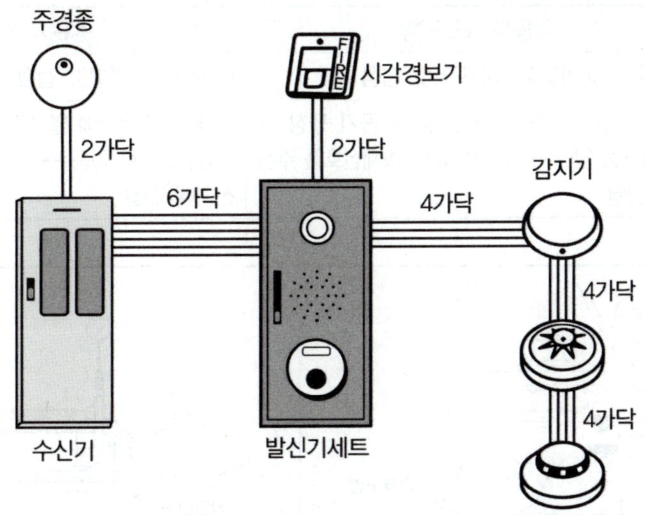

자동화재탐지설비 구성도

① **구조 원리**: 감지기, 수신기, 발신기, 음향장치, 표시등, 전원, 배선, 시각경보기, 중계기 등으로 구성
② 자동화재탐지설비에서 감지기 사이의 회로배선은 **송배선식**

2 감지기

① 감지기의 종류
- 열감지기

차동식 스포트형	주위 온도가 일정 상승률 이상 되었을 때 작동(거실, 사무실 등)
정온식 스포트형	주위 온도가 일정 온도 이상 되었을 때 작동(주방, 보일러실 등)

- 연기감지기

광전식 스포트형	연기 속 미립자가 산란반사를 일으킬 때 작동(계단실, 복도 등)
이온화식 스포트형	주위 공기가 일정 농도 이상의 연기를 포함할 경우 작동

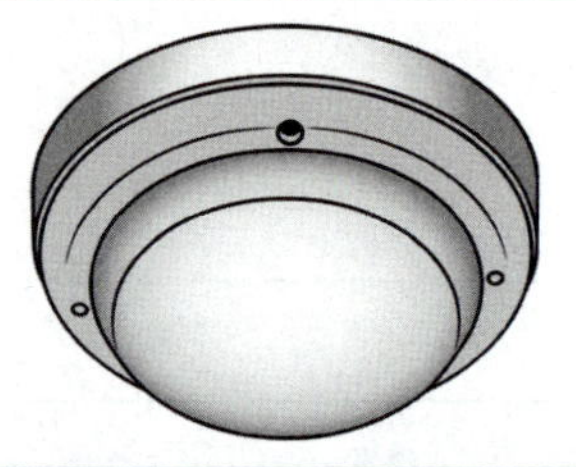

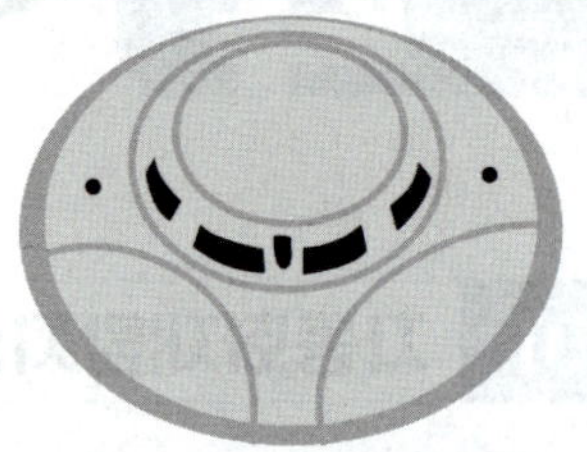

차동식 열감지기	정온식 열감지기	연기감지기

📝 더 알아보기 열감지기의 구조 및 작동도

• 구조

구분	차동식 스포트형	정온식 스포트형
구조	감열실, 다이아프램, 리크구멍, 접점 등	바이메탈, 감열판, 접점 등
작동원리	화재 시 온도 상승 → 감열실 내 공기 팽창 → 다이아프램 압박 → 접점이 붙어 화재신호를 수신기에 전달	화재 시 감열판에 열 전달 → 바이메탈이 휘어져 기동접점으로 이동 → 접점이 붙어 화재신호를 수신기에 전달

• 작동도

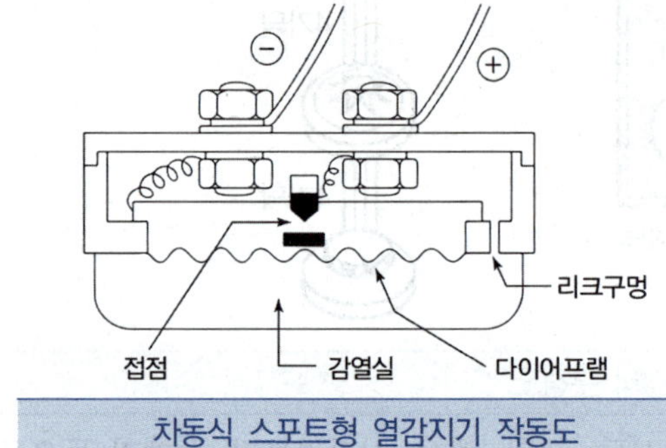

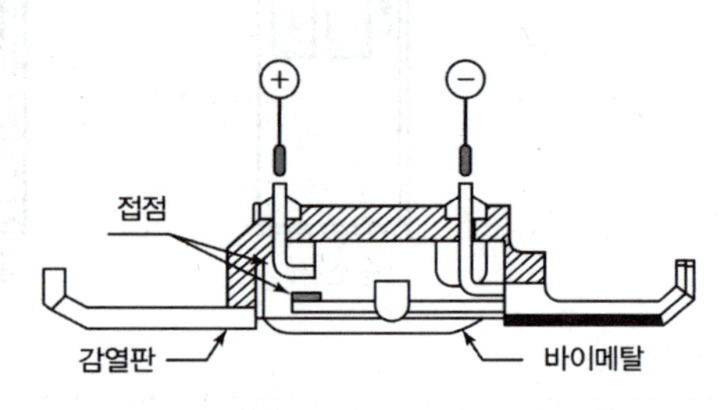

차동식 스포트형 열감지기 작동도	정온식 스포트형 열감지기 작동도

• 연기감지기 비교

구분	이온화식	광전식
작동원리	이온전류의 감소	광량의 감소 또는 증가
연기입자	작은 연기입자($0.01 \sim 0.3\,\mu m$)에 유리	큰 연기입자($0.3 \sim 1\,\mu m$)에 유리
연기색상	이온에 연기입자가 흡착되는 것과 관계되므로 연기의 색상은 감도와 관련 없음	연기 색상에 따라 빛이 흡수 또는 반사되는 정도가 다르므로 검은색보다 옅은 회색 연기가 감도에 유리
적응성	B급 화재 등 불꽃화재	A급 화재 등 훈소화재

② 감지기 설치유효면적(m²) ★★

부착높이 및 특정소방대상물의 구분		감지기의 종류						
		차동식 스포트형		보상식 스포트형		정온식 스포트형		
		1종	2종	1종	2종	특종	1종	2종
4m 미만	주요구조부가 내화구조로 된 특정소방대상물 또는 그 부분	90	70	90	70	70	60	20
	기타구조의 특정소방대상물 또는 그 부분	50	40	50	40	40	30	15
4m 이상 8m 미만	주요구조부가 내화구조로 된 특정소방대상물 또는 그 부분	45	35	45	35	35	30	–
	기타구조의 특정소방대상물 또는 그 부분	30	25	30	25	25	15	–

3 발신기

① 개념

화재 발견자가 수동으로 작동스위치를 눌러 수신기에 신호를 보내는 것

② 설치기준

- 스위치는 바닥으로부터 0.8m 이상 1.5m 이하의 높이에 설치
- 층마다 설치하되, 하나의 발신기까지의 수평거리가 25m 이하가 되도록 설치

③ 작동

발신기 작동스위치 누름 → 발신기 작동표시등 점등, 수신기 작동(화재표시등, 지구표시등, 발신기응답표시등, 경보장치 작동)

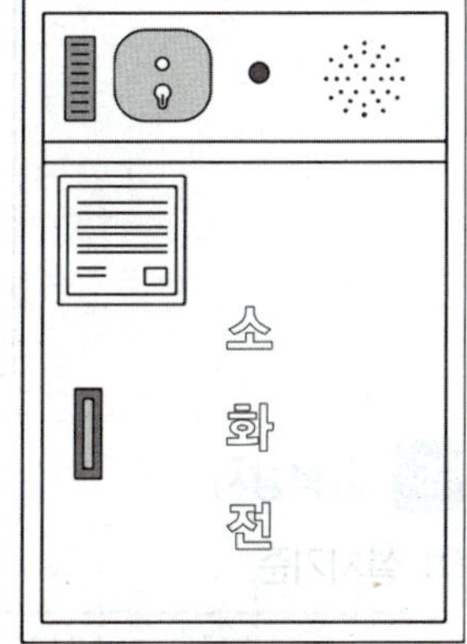

4 수신기

① 개념

감지기 또는 발신기로부터 발하여진 화재신호를 직접 또는 중계기를 거쳐 수신하여 화재의 발생을 해당 건물 관계자에게 표시하고 음향장치로 알려주는 것

② 수신기의 종류

P형 수신기 (소규모)	일반적으로 사용되며 각 회로별 경계구역을 표시하는 지구표시등이 설치되어 있음
R형 수신기 (대규모)	고유의 신호를 수신하는 것으로서 숫자 등의 기록장치에 의해 표시되며 동일구내에 다수의 동이 있거나 초고층빌딩 등과 같이 회선수가 매우 많은 대상물에 설치

③ 설치기준

- 수신기가 설치된 장소에는 경계구역 일람도를 비치할 것
- 수신기의 조작스위치의 높이: 바닥으로부터의 높이가 0.8m 이상 1.5m 이하
- 수위실 등 상시 사람이 근무하고 있는 장소에 설치

※ 조작스위치가 정상위치에 있는지 여부는 스위치주의등을 확인

④ 수신기의 스위치별 기능(P형)

화재표시등	화재신호가 발생된 경우 적색으로 표시
지구표시등	화재신호가 발생된 각 경계구역을 나타내는 표시등
도통시험표시등	도통시험에서 해당 회로의 불량(적색등 점등)과 정상(녹색등 점등) 여부를 쉽게 판별할 수 있는 표시등
도통시험스위치	도통시험스위치를 누르고 회로선택스위치를 회전시켜, 선택된 회로의 결선상태를 확인할 때 사용
동작시험스위치	수신기에 화재신호를 수동으로 입력하여 수신기가 정상적으로 작동되는지를 점검하는 시험스위치
자동복구스위치	스위치가 시험위치에 놓여 있을 때에는 감지기의 복구에 따라 수신기의 작동상태가 자동복구

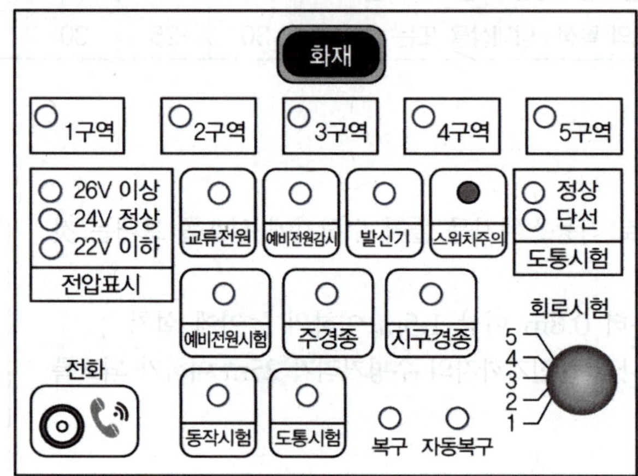

5 음향장치

① 설치기준

주음향장치	수신기 내부 또는 그 직근에 설치
지구음향장치	층마다 설치하되, 수평거리가 25m 이하가 되도록 설치
음향크기	부착된 장치의 중심으로부터 1m 떨어진 위치에서 90dB 이상

② 경보방식 ★

층수가 11층(공동주택의 경우 16층) 이상의 특정소방대상물은 다음의 기준의 따라 경보를 발할 수 있도록 해야 함

2층 이상의 층에서 발화	발화층 및 그 직상 4개 층에 경보를 발할 것
1층에서 발화	발화층 · 그 직상 4개 층 및 지하층에 경보를 발할 것
지하층에서 발화	발화층 · 그 직상층 및 기타의 지하층에 경보를 발할 것

③ 청각장애인용 시각경보장치
- 복도, 통로, 청각장애인용 객실 및 공용으로 사용하는 거실 등에 설치
- 공연장, 집회장, 관람장 또는 이와 유사한 장소에 설치하는 경우에는 시선이 집중되는 무대부 부분 등에 설치

- 설치 높이는 바닥으로부터 2m 이상 2.5m 이하의 장소에 설치(다만, 천장의 높이가 2m 이하인 경우에는 천장으로부터 0.15m 이내의 장소에 설치하여야 함)

6 자동화재탐지설비 경계구역 ★

자동화재탐지설비의 1회선(회로)이 화재의 발생을 유효하고 효율적으로 감지할 수 있도록 적당한 범위를 정한 구역

① 하나의 경계구역이 2 이상의 건축물에 미치지 않도록 할 것

② 하나의 경계구역이 2 이상의 층에 미치지 않도록 할 것(다만, 500m^2 이하의 범위 안에서는 2개의 층을 하나의 경계구역으로 할 수 있음)

③ 하나의 경계구역의 면적은 600m^2 이하로 하고 한 변의 길이는 50m 이하로 할 것(다만, 해당 특정소방대상물의 주된 출입구에서 그 내부 전체가 보이는 것에 있어서는 한 변의 길이가 50m의 범위 내에서 1,000m^2 이하로 할 수 있음)

7 감지기 작동점검

① 설치된 감지기에 감지기 시험기를 씌워보거나 연기스프레이를 사용해 감지기를 작동시킴

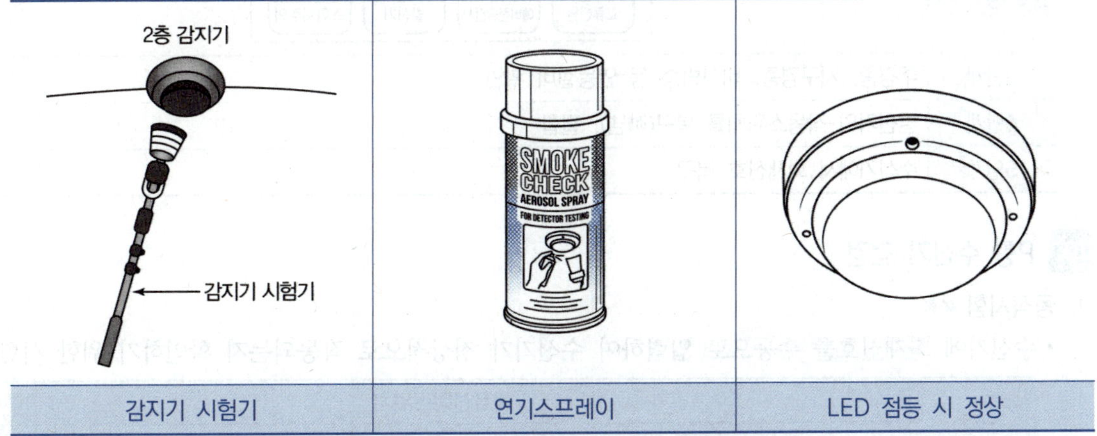

감지기 시험기	연기스프레이	LED 점등 시 정상

② LED 미점등 시 감지기 회로 전압을 전압측정계를 사용하여 확인함

정격전압의 80% 이상 → 감지기 불량	전압이 0V → 회로단선
감지기 교체	해당 회로 보수

③ 감지기 작동시험 재실시

8 발신기 점검(자동화재탐지설비의 점검 및 복구방법)

① 구성 및 작동순서

구성	
작동순서	발신기의 작동스위치를 눌렀을 때 두 접점이 동시에 붙게 되어 • 수신기의 지구화재릴레이를 구동시켜 화재경보(주 · 지구경종, 비상방송 등) • 수신기의 발신기 응답표시등과 발신기의 작동표시등을 동시에 점등시킴

② 작동점검

1단계	발신기 작동스위치 누름
2단계	수신기에서 발신기 응답표시등 및 발신기 작동표시등 점등 확인
3단계	주경종, 지구경종, 비상방송 등 연동설비 확인
4단계	발신기의 작동스위치를 복구(빼냄), 결합
5단계	수신기에서 화재신호 복구

9 P형 수신기 점검

① 동작시험 ★★

• 수신기에 화재신호를 수동으로 입력하여 수신기가 정상적으로 작동되는지 확인하기 위한 시험

구분	회로선택스위치	
	로터리 방식	버튼 방식
시험기준	• 1회선마다 복구하면서 모든 회선을 시험 • 비화재보 방지 또는 오동작 방지기능이 내장된 축적형 수신기의 경우: 축적, 비축적 선택스위치를 비축적위치로 놓고 시험	
시험순서	• 동작시험 및 자동복구 시험스위치 누름 • 회로선택스위치를 차례로 회전시켜 시험	• 동작(화재)시험 및 자동복구 스위치를 누름 • 각 경계구역별 동작버튼을 누른 후 시험
복구방법	• 회로선택스위치를 초기(정상)위치로 복구 • 동작시험 및 자동복구 시험스위치 복구 • 각 경계구역 표시등 및 화재표시등 소등 확인	• 동작(화재)시험 및 자동복구 시험스위치 초기(정상)상태로 복구 • 각 경계구역별 표시등 및 화재표시등 소등 확인

• 버튼 방식 동작시험

동작시험 순서	동작시험 복구 순서
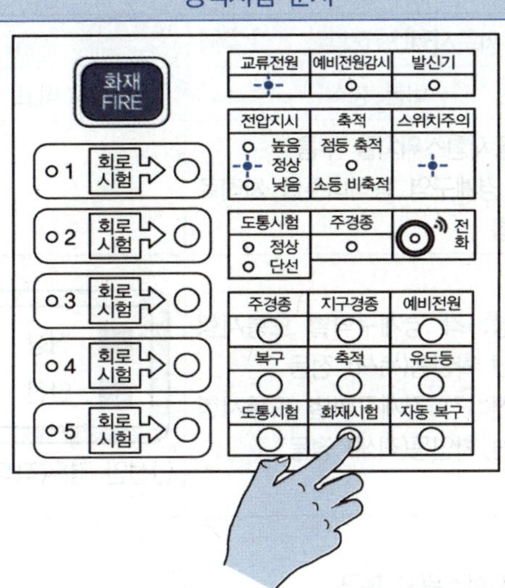 동작(화재)시험스위치 및 자동복구스위치 누름 ⇩ 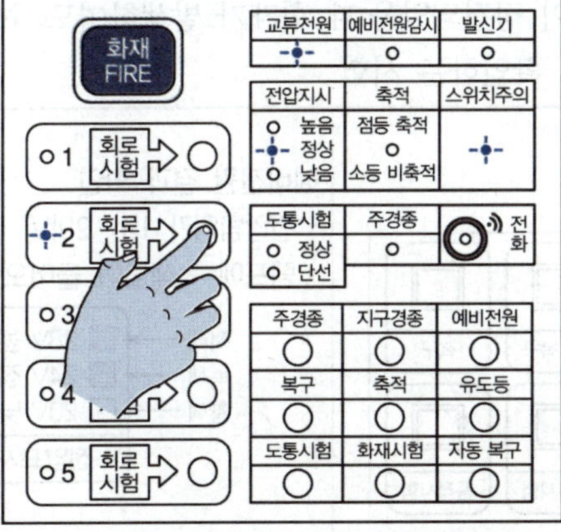 각 회로(경계구역) 버튼 누름	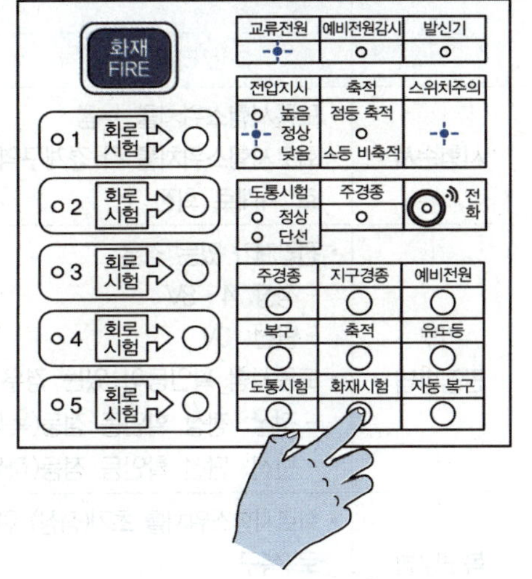 동작(화재)시험스위치 및 자동복구스위치 누름 (초기상태로 복구) ⇩ 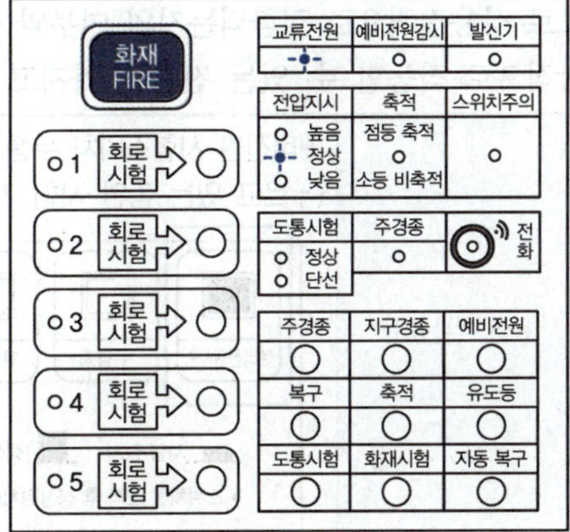 표시등 소등 확인

• 로터리 방식 동작시험

동작시험 순서	동작시험스위치 누름 → 자동복구스위치 누름 → 회로시험스위치 돌림
동작시험 복구 순서	회로시험스위치 돌림 → 동작시험스위치 누름 → 자동복구스위치 누름

② 회로도통시험 ★★★

수신기에서 감지기 사이 회로의 단선 유무와 기기 등의 접속 상황을 확인하기 위한 시험

구분	회로시험스위치		비고
	로터리 방식	버튼 방식	
시험순서	• 도통시험스위치를 누름 • 회로시험스위치를 각 경계구역별로 차례로 회전	• 도통시험스위치를 누름 • 각 경계구역 동작버튼을 차례로 누름	
적부 판정방법	• 전압계가 있는 경우 　– 정상: 4~8V 　– 단선: 0V • 도통시험 확인등이 있는 경우 　– 정상: 정상 확인등 점등(녹색) 　– 단선: 단선 확인등 점등(적색)	• 정상: 각 경계구역별 도통시험 단선 확인등(녹색) 점등 • 단선: 각 경계구역별 도통시험 단선 확인등(적색) 점등	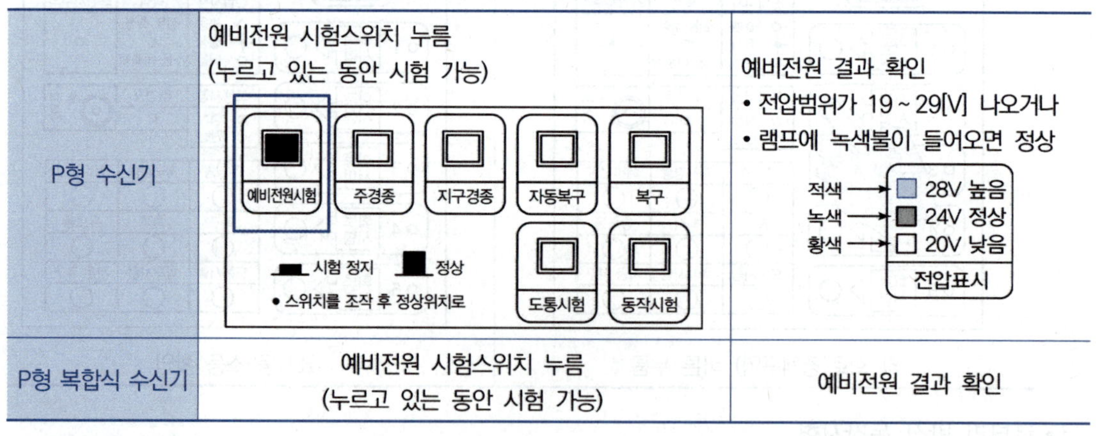단선인 경우(적색등 점등)
복구방법	• 회로시험스위치를 초기(정상) 위치로 복구 • 도통시험스위치 복구	도통시험스위치 복구	

③ 예비전원시험 ★★★

상용전원이 사고 등으로 정전된 경우 자동적으로 예비전원으로 절환이 되며 또한 복구 시에는 자동적으로 상용전원으로 절환되는지의 여부와 상용전원이 정전되었을 때 화재가 발생하여도 수신기가 정상적으로 작동할 수 있는 전압을 가지고 있는지를 확인하는 시험

P형 수신기	예비전원 시험스위치 누름 (누르고 있는 동안 시험 가능)	예비전원 결과 확인 • 전압범위가 19~29[V] 나오거나 • 램프에 녹색불이 들어오면 정상
P형 복합식 수신기	예비전원 시험스위치 누름 (누르고 있는 동안 시험 가능)	예비전원 결과 확인

④ 예비전원감시등

예비전원감시등의 점등 원인: 예비전원 연결소켓이 분리되었거나 예비전원이 원인

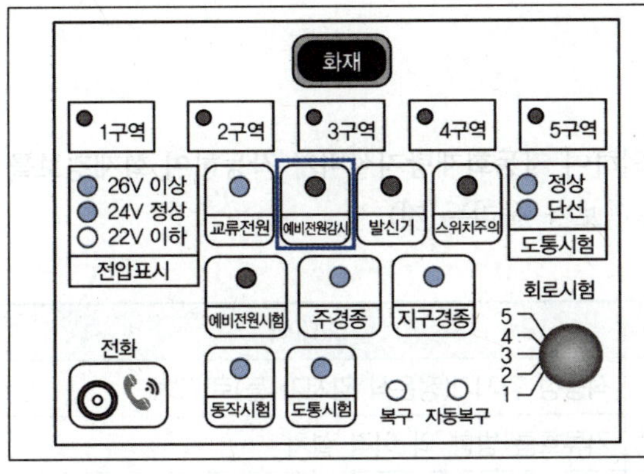

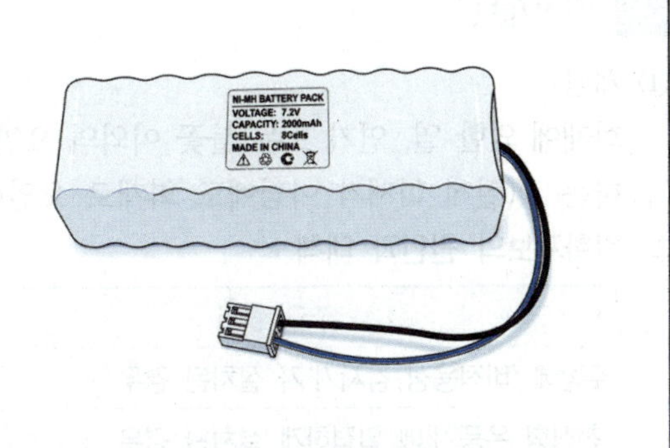

📌 더 알아보기 소방시설등의 유지 · 관리방법

구분	제어반	연동제어기
평상시	• 주 스위치는 자동(연동)의 위치로 설정 • 각 층별/위치별 수동스위치는 대기(정상) 위치로 설정	전원표시등 이상유무 등을 확인
수동조작 시	• 주 스위치를 수동 위치로 전환 • 각 층별/위치별 수동스위치를 평상시 대기(정상) 위치에서 기동의 위치로 전환하여 작동	연동제어기의 수동스위치를 조작하여 방화셔터를 작동

※ 수동조작은 화재 시 자동으로 작동되지 않거나 점검 시 작동확인을 위해 사용

※ 각 위치의 자동방화셔터 또는 방화문이 작동하면 '제어반의 확인(기동확인)'표시등이 점등하며 감시제어반의 부저가 울림

1 비화재보

① 개념

화재에 의한 열, 연기 또는 불꽃 이외의 요인에 의하여 자동화재탐지설비가 작동하여 화재경보를 발하는 것(실제 화재가 아님에도 화재로 오인하여 경보가 울리는 것)

② 비화재보의 원인과 대책 ★

주요 원인	대책
주방에 '비적응성 감지기'가 설치된 경우	적응성 감지기(정온식 감지기 등)로 교체
'천장형 온풍기'에 밀접하게 설치된 경우	기류흐름 방향 외 이격 설치
'장마철 공기 중 습도 증가'에 의한 감지기 오작동	복구스위치 누름 혹은 작동된 감지기 복구
'청소불량'에 의한 감지기 오작동	내부 먼지 제거 후 복구스위치 누름 또는 감지기 교체
'건축물 누수'로 인한 감지기 오작동	누수부분 방수처리 및 감지기 교체
담배연기로 인한 연기감지기 작동	흡연구역에 환풍기 등 설치
발신기를 장난으로 눌러 발신기 작동	입주자 소방안전교육을 통한 계도

③ 비화재보 시 대처방법 ★★

1단계	수신기 확인
2단계	실제 화재 여부 확인 (지구표시등 점등구역으로 이동하여 실제 화재 여부 확인)
3단계	음향장치 정지
4단계	비화재보 원인 제거
5단계	복구스위치를 눌러 수신기를 정상으로 복구 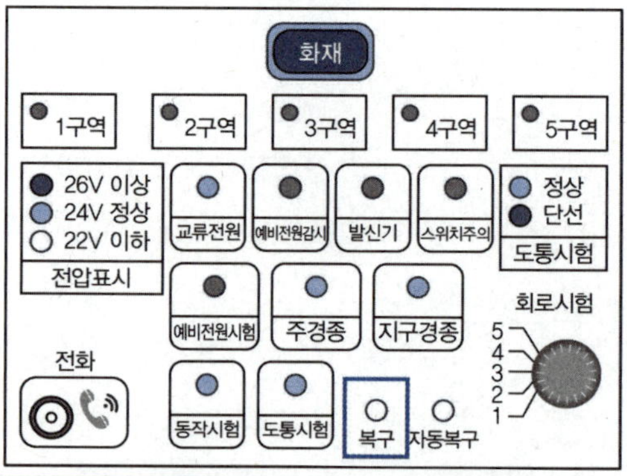
6단계	음향장치를 정상 또는 연동으로 전환 

<table>
<tr><td>7단계</td><td>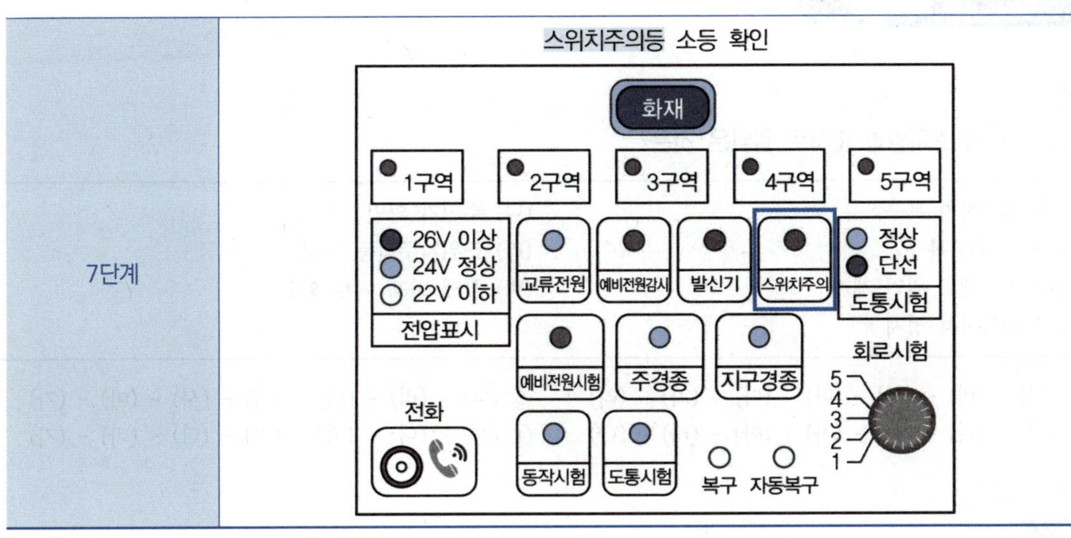</td></tr>
</table>

★ 단원별 핵심점검

이것만은 꼭 | 경보설비 핵심요약

- ☑ 정온식 감지기: 주방에 설치, 일정 온도 이상이 되었을 때 작동
- ☑ 발신기, 수신기 스위치 높이: 0.8m 이상 1.5m 이하
- ☑ 음향장치 정상기준: 90dB 이상
- ☑ 도통시험 전압계 측정결과: 정상 → 4 ~ 8V, 단선 → 0V
- ☑ 예비전원시험 전압계 측정결과: 정상 → 19 ~ 29V, 단선 → 0V

○× 빠른 체크 | 경보설비 핵심점검

01 정온식 감지기는 일정 온도 이상이 되었을 때 작동하며 주방 등에 설치한다. (○ , ×)

02 발신기, 수신기 스위치 높이는 0.8m 이상 1.2m 이하이다. (○ , ×)

03 음향장치의 정상기준은 80dB 이상이다. (○ , ×)

04 도통시험 전압계 측정결과 정상은 4 ~ 8V, 단선은 0V이다. (○ , ×)

05 예비전원시험 전압계 측정결과 정상은 19 ~ 29V이다. (○ , ×)

01	○	02	×	03	×	04	○	05	○

01

비화재보 시 조치방법 순서로 알맞은 것은?

(가) 음향장치 복구	(나) 수신기 확인
(다) 수신기 복구	(라) 스위치주의등 확인
(마) 비화재보 원인 제거	(바) 실제 화재 여부 확인
(사) 음향장치 정지	

① (나) - (바) - (사) - (마) - (다) - (가) - (라) ② (다) - (라) - (나) - (바) - (사) - (마) - (가)
③ (바) - (나) - (사) - (가) - (마) - (라) - (다) ④ (사) - (나) - (마) - (라) - (다) - (바) - (가)

정답 ①

해설

비화재보 시 대처방법

1단계	수신기 확인
2단계	실제 화재 여부 확인 (지구표시등 점등구역으로 이동하여 실제 화재 여부 확인)
3단계	음향장치 정지
4단계	비화재보 원인 제거
5단계	복구스위치를 눌러 수신기를 정상으로 복구 
6단계	음향장치를 정상 또는 연동으로 전환
7단계	스위치주의등 소등 확인

02

다음 중 비화재보의 원인과 대책으로 알맞지 않은 것은?

① 원인: 담배연기로 인한 연기감지기 동작 / 대책: 흡연구역에 환풍기 등을 설치
② 원인: 천장형 온풍기에 밀접하게 설치된 경우 / 대책: 기류흐름 방향 외 이격 설치
③ 원인: 주방에 비적응성 감지기가 설치된 경우 / 대책: 적응성 감지기(차동식 감지기)로 교체
④ 원인: 청소불량(먼지 또는 분진)에 의한 감지기 오작동 / 대책: 내부 먼지 제거 후 복구스위치 누름 또는 감지기 교체

 정답 ③

해설

주요 원인	대책
주방에 '비적응성 감지기'가 설치된 경우	적응성 감지기(정온식 감지기 등)로 교체

03

정온식 스포트형 감지기에 대한 설명으로 알맞은 것은?

① 감열식, 다이어프램, 리크구멍, 접점 등으로 구분한다.
② 거실, 사무실 등에 사용한다.
③ 주위 온도가 일정 상승률 이상이 되는 경우에 작동한다.
④ 바이메탈 및 접점 등으로 구분한다.

 정답 ④

해설

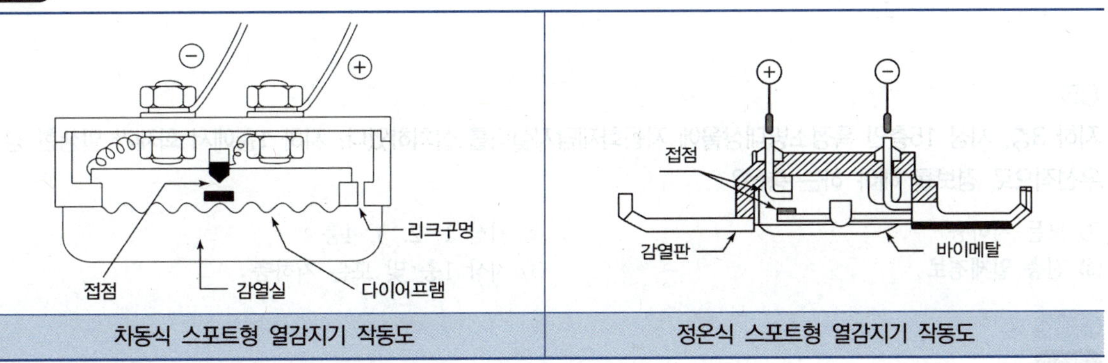

04

다음 그림에서 보여주는 것은 무엇인가?

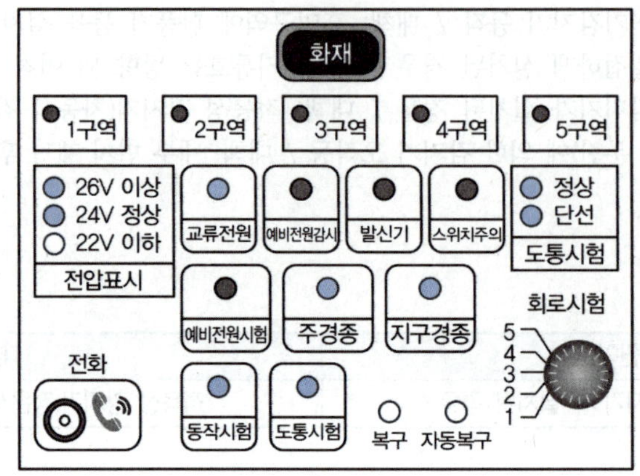

① P형 수신기
③ R형 수신기

② P형 발신기
④ R형 발신기

정답 ①

해설

수신기 종류

P형 수신기(소규모)	일반적으로 사용되며 각 회로별 경계구역을 표시하는 지구표시등이 설치되어 있음
R형 수신기(대규모)	고유의 신호를 수신하는 것으로서 숫자 등의 기록장치에 의해 표시되며 동일구내에 다수의 동이 있거나 초고층빌딩 등과 같이 회선수가 매우 많은 대상물에 설치

05

지하 3층, 지상 15층인 특정소방대상물에 자동화재탐지설비를 설치하였다. 지하 1층에서 화재가 발생한 경우 우선적으로 경보를 해야 하는 층은?

① 모든 지하층
③ 전층 일제경보

② 지상 1, 2, 3, 4층
④ 지상 1층 및 모든 지하층

정답 ④

해설

층수가 11층(공동주택의 경우 16층) 이상의 특정소방대상물은 다음의 기준의 따라 경보를 발할 수 있도록 해야 한다.

2층 이상의 층에서 발화	발화층 및 그 직상 4개 층에 경보를 발할 것
1층에서 발화	발화층·그 직상 4개 층 및 지하층에 경보를 발할 것
지하층에서 발화	발화층·그 직상층 및 기타의 지하층에 경보를 발할 것

06

다음 그림은 P형 수신기의 도통시험을 위해 도통시험버튼 및 회로 3번 시험버튼을 누른 모습이다. 다음 점검표
에 작성할 내용으로 옳은 것은? (단, 회로 1, 2, 4, 5번의 점검결과는 회로 3번과 같다)

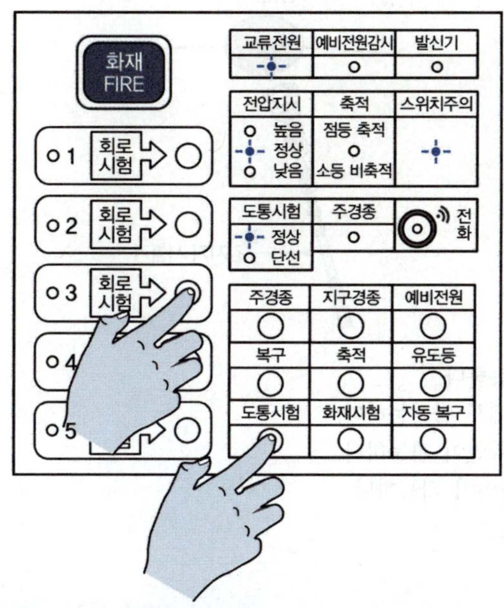

점검항목	점검내용	점검결과	
		결과	불량내용
수신기 도통시험	회로 단선 여부	㉠	㉡

	㉠	㉡
①	×	회로 1, 2번의 단선 여부를 확인할 수 없음
②	○	이상 없음
③	×	회로 1번 단선
④	○	회로 3번은 정상이고 나머지 회선은 단선

 정답 ②

해설

도통시험램프가 정상으로 점등되어 있으므로 회로 단선 여부를 알 수 있고(○), 불량내용은 이상 없다.

07

다음은 감지기 시험장비를 활용한 경보설비 점검 그림이다. 그림의 내용 중 옳지 않은 것은?

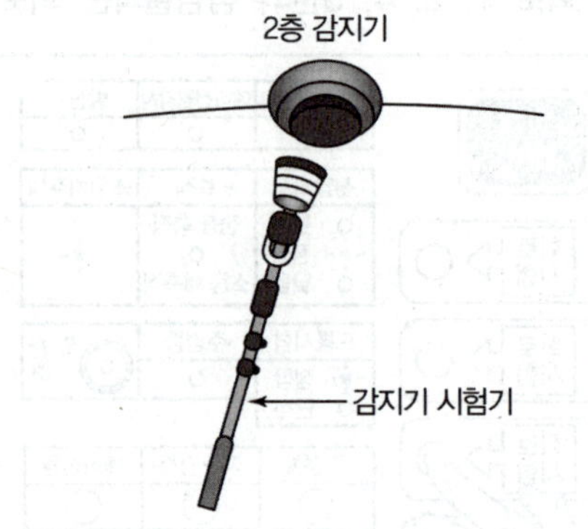

① 감지기 작동상태 확인이 가능하다.
② 감지기 작동 확인은 수신기에서 불가능하다.
③ 수신기에서 해당 경계구역 확인이 가능하다.
④ 감지기 동작 시 지구경종 확인이 가능하다.

정답 ②

해설

감지기 작동은 수신기에서 반드시 확인이 가능해야 한다.

08

자동화재탐지설비에 관한 내용 중 옳은 것은?

① 동작시험복구순서 중 가장 먼저 할 일은 자동복구스위치를 누르는 것이다.
② 도통시험 시 도통시험스위치를 누른 후 바로 단선확인등이 점등되면 회로가 단선된 것이다.
③ 동작시험 시 동작시험스위치 버튼을 누른 후 회로시험스위치를 돌리며 테스트한다.
④ 예비전원시험 시 전압계가 있는 경우 정상일 때 19 ~ 29[V]를 가리킨다.

정답 ④

해설

예비전원시험

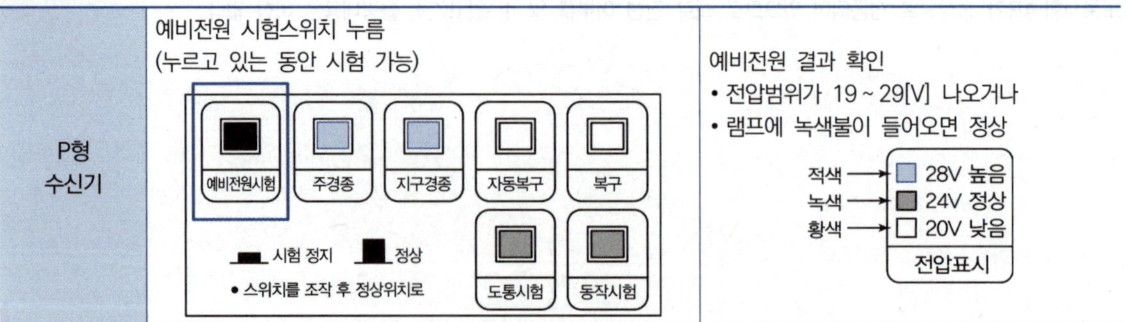

09

자동화재탐지설비의 경계구역 설정에 관한 기본원칙으로 가장 옳지 않은 것은?

① 하나의 경계구역이 2 이상의 건축물에 미치지 아니하도록 하여야 한다.
② 하나의 경계구역이 2 이상의 층에 미치지 아니하도록 하는 것이 원칙이다.
③ 하나의 경계구역 면적은 원칙적으로 600m² 이하로 설정해야 한다.
④ 경계구역 한 변의 길이는 화재 감지의 효율성을 위해 100m 이하로 해야 한다.

정답 ④

해설

하나의 경계구역의 면적은 600m² 이하로 하고 한 변의 길이는 50m 이하로 해야 한다.

10

다음 중 주방에 설치하는 감지기로 옳은 것은?

① 이온화식 스포트형 감지기   ② 정온식 스포트형 감지기
③ 차동식 스포트형 감지기   ④ 광전식 스포트형 감지기

정답 ②

해설

정온식 스포트형 감지기는 주위 온도가 일정 온도 이상이 되었을 때 작동하는 것으로, 주방, 보일러실 등에 설치한다.

➕꼼꼼

감지기의 종류		
열감지기	차동식 스포트형	주위 온도가 일정 상승률 이상이 되는 경우 작동(거실, 사무실 등)
	정온식 스포트형	주위 온도가 일정 온도 이상이 되었을 때 작동(주방, 보일러실 등)
연기감지기	광전식 스포트형	연기 속 미립자가 산란반사를 일으킬 때 작동(계단, 복도 등)
	이온화식 스포트형	주위 공기가 일정 농도 이상의 연기를 포함하게 될 경우 작동

11

지구음향장치를 설치할 때 특정소방대상물의 각 부분으로부터 하나의 음향장치까지의 수평거리 기준으로 옳은 것은?

① 15m 이하   ② 20m 이하
③ 25m 이하   ④ 30m 이하

정답 ③

해설

지구음향장치 설치기준
층마다 설치하되, 수평거리가 25m 이하가 되도록 설치한다.

12

다음 그림과 같이 주요구조부가 내화구조로 된 어느 건축물에 차동식 스포트형 1종 감지기를 설치하고자 한다. 감지기의 최소 설치개수로 옳은 것은? (단, 감지기의 부착높이는 6m이다)

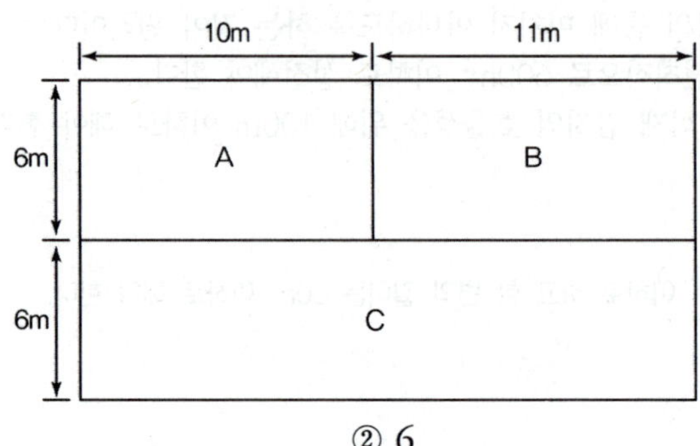

① 5

② 6

③ 7

④ 8

정답 ③

해설

- $A = \dfrac{10m \times 6m}{45m^2} = 1.3 = 2개(소수점 올림)$

- $B = \dfrac{11m \times 6m}{45m^2} = 1.4 = 2개(소수점 올림)$

- $C = \dfrac{(10 + 11)m \times 6m}{45m^2} = 2.8 = 3개(소수점 올림)$

∴ A + B + C = 7개

➕ 꼼꼼

감지기 설치유효면적(m^2)

부착높이 및 특정소방대상물의 구분		감지기의 종류	
		차동식 스포트형	
		1종	2종
4m 미만	주요구조부가 내화구조로 된 특정소방대상물 또는 그 부분	90	70
	기타구조의 특정소방대상물 또는 그 부분	50	40
4m 이상 8m 미만	주요구조부가 내화구조로 된 특정소방대상물 또는 그 부분	45	35
	기타구조의 특정소방대상물 또는 그 부분	30	25

13

어느 건축물의 바닥면적이 1층 700m^2, 2층 600m^2, 3층 300m^2, 4층 200m^{2}이다. 이 건축물의 최소 경계구역수는?

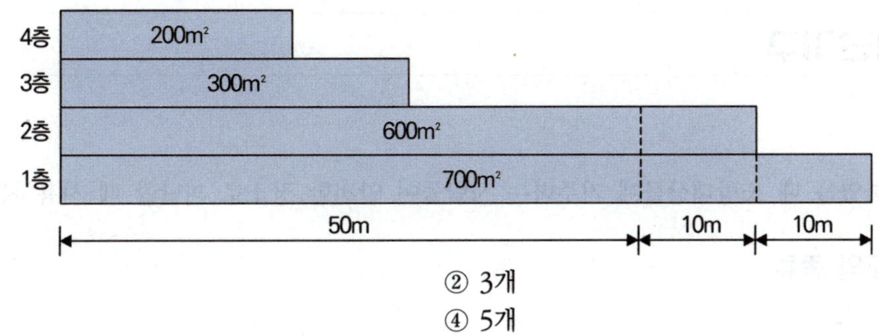

① 2개
② 3개
③ 4개
④ 5개

 정답 ④

해설

- 1층: 하나의 경계구역의 면적은 600m^2 이하이므로 $\dfrac{700m^2}{600m^2} = 1.1 = 2$개(소수점 올림)

- 2층: 하나의 경계구역의 면적은 600m^2 이하이지만, 한 변의 길이가 50m를 초과하므로 경계구역은 2개

- 3층, 4층: 500m^2 이하의 범위 안에서는 2개의 층을 하나의 경계구역으로 할 수 있으므로 $\dfrac{(300 + 200)m^2}{500m^2} = 1$개

∴ 2 + 2 + 1 = 5개

14

다음 내용을 보고 이를 조치하는 방법으로 옳은 것은?

소방안전관리자가 지하 1층 수위실에서 근무 중 수신기에 화재표시등과 회로 지구표시등(2층 사무실이라고 기록)이 동작하였다. 이에 2층 사무실로 올라가 확인한 결과 차동식 열감지기가 천장형 온풍기에 밀접하게 설치되어 그 열로 감지기가 작동되었음을 확인하였다.

① 정온식 감지기로 교체한다.
② 감지기 내부 청소 후 재설치한다.
③ 감지기 주변에 환풍기를 설치한다.
④ 감지기의 위치를 기류흐름 방향 외에 이격하여 설치한다.

정답 ④

해설

감지기가 천장형 온풍기에 밀접하게 설치된 경우 기류흐름 방향 외 이격 설치한다.

CHAPTER 05 피난구조설비

01 피난기구

1 개요

화재가 발생하였을 때 소방대상물에 거주하는 사람들이 안전한 장소로 피난할 때 사용하는 기구

2 피난기구의 종류

① 구조대 ★

화재 시 건물의 창, 발코니 등에서 지상까지 포대를 사용하여 그 포대 속을 활강하는 피난기구

② 완강기 ★

사용자의 몸무게에 의해 자동적으로 내려올 수 있는 기구 중 사용자가 연속적으로 사용할 수 있는 것

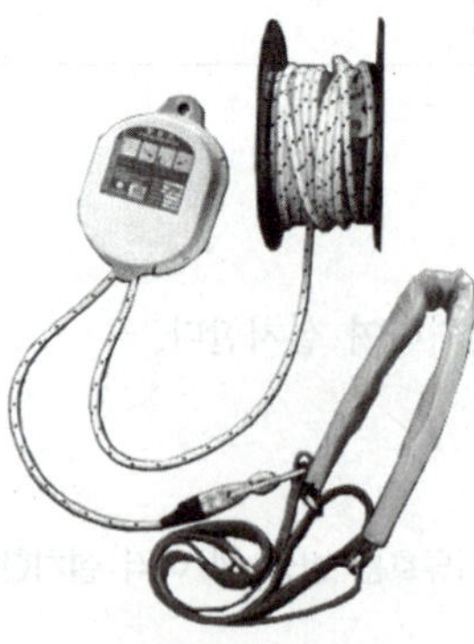

③ 간이완강기

지지대 또는 단단한 물체에 걸어서 사용자의 몸무게에 의하여 자동적으로 내려올 수 있는 기구 중 사용자가 교대하여 연속적으로 사용할 수 없는 일회용의 것

④ 피난사다리

건축물 화재 시 안전한 장소로 피난하기 위해 건축물의 개구부에 설치하는 기구

⑤ 미끄럼대

화재 발생 시 신속하게 지상 또는 피난층으로 이동할 수 있는 피난기구

⑥ 다수인피난장비

화재 시 2인 이상의 피난자가 동시에 해당 층에서 지상 또는 피난층으로 하강하는 피난기구

⑦ 기타 피난기구

피난용트랩, 공기안전매트 등

3 설치장소별 피난기구의 적응성 ★★

설치장소별 \ 층별	1층	2층	3층	4층 이상 10층 이하
노유자시설	• 미끄럼대 • 구조대 • 피난교 • 다수인피난장비 • 승강식피난기	• 미끄럼대 • 구조대 • 피난교 • 다수인피난장비 • 승강식피난기	• 미끄럼대 • 구조대 • 피난교 • 다수인피난장비 • 승강식피난기	• 구조대 • 피난교 • 다수인피난장비 • 승강식피난기
의료시설 · 근린생활시설 중 입원실이 있는 의원 · 접골원 · 조산원	–	–	• 미끄럼대 • 구조대 • 피난교 • 피난용트랩 • 다수인피난장비 • 승강식피난기	• 구조대 • 피난교 • 피난용트랩 • 다수인피난장비 • 승강식피난기
영업장의 위치가 4층 이하인 다중이용업소	–	• 미끄럼대 • 피난사다리 • 구조대 • 완강기 • 다수인피난장비 • 승강식피난기	• 미끄럼대 • 피난사다리 • 구조대 • 완강기 • 다수인피난장비 • 승강식피난기	• 미끄럼대 • 피난사다리 • 구조대 • 완강기 • 다수인피난장비 • 승강식피난기
그 밖의 것	–	–	• 미끄럼대 • 피난사다리 • 구조대 • 완강기 • 피난교 • 피난용트랩 • 간이완강기 • 공기안전매트 • 다수인피난장비 • 승강식피난기	• 피난사다리 • 구조대 • 완강기 • 피난교 • 간이완강기 • 공기안전매트 • 다수인피난장비 • 승강식피난기

1 개요

화재 시 발생하는 열, 연기, 유해가스로부터 인명의 안전한 피난을 위한 기구로서 방열복, 방화복(안전모, 보호장갑 및 안전화를 포함), 공기호흡기(보조마스크 포함) 및 인공소생기 등을 말함

2 종류

방열복	고온의 복사열에 가까이 접근하여 소방활동을 수행할 수 있는 내열피복
공기호흡기	유독가스로부터 인명을 보호하기 위해 용기에 압축한 공기를 저장하여 두었다가 필요시 마스크를 통해 호흡에 이용토록 하는 호흡기구
인공소생기	화재의 발생으로 인하여 유독성 가스에 질식되었거나 중독 등에 의해 심폐기능이 악화되어 정상적으로 호흡할 수 없는 사람에게 인공호흡을 시켜 소생토록 하는 구급용 기구
방화복	화재 진압 등의 소방활동을 수행할 수 있는 피복(안전모, 보호장갑, 안전화 포함)

03   비상조명등

1 비상조명등의 설치

① 설치: 특정소방대상물의 각 거실과 그로부터 지상에 이르는 복도·계단 및 그 밖의 통로에 설치함
② 조도: 각 부분의 바닥에서 1럭스(lx) 이상이 되도록 함
③ 유효작동시간
- 20분 이상
- 60분 이상: 지하층을 제외한 층수가 11층 이상의 층이거나 지하층 또는 무창층으로서 용도가 도매시장·소매시장·여객자동차터미널·지하역사 또는 지하상가인 경우

2 휴대용 비상조명등의 설치

① 설치대상
- 숙박시설
- 수용인원 100명 이상의 영화상영관, 판매시설 중 대규모점포, 철도 및 도시철도 시설 중 지하역사, 지하가 중 지하상가
② 설치기준
- 숙박시설 또는 다중이용업소에는 객실 또는 영업장 안의 구획된 실마다 잘 보이는 곳에 설치
- 20분 이상 유효하게 사용할 수 있는 건전지 및 배터리를 사용
- 어둠 속에서 위치를 확인할 수 있고, 사용 시 자동으로 점등되는 구조
- 건전지를 사용하는 경우 방전 방지조치를 하여야 하고, 충전식 배터리의 경우 상시 충전되는 구조

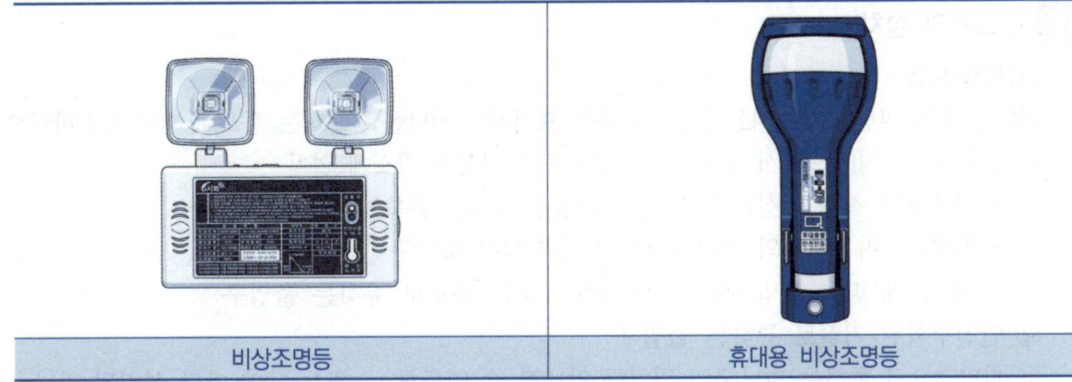

비상조명등	휴대용 비상조명등

04 유도등 및 유도표지

1 개요

화재 시 피난을 유도하기 위한 등 및 표지로서, 유도등은 정상상태에서는 상용전원으로 점등되고, 정전되었을 때는 비상전원으로 자동절환되어 **20분 이상**(지하층을 제외한 층수가 11층 이상의 층, 지하층 또는 **무창층으로서 용도가 도매시장·소매시장·여객자동차터미널·지하역사 또는 지하상가의 경우는 60분 이상**) 작동할 수 있어야 함

2 유도등 및 유도표지의 종류

설치장소	유도등 및 유도표지의 종류
① 공연장·집회장(종교집회장 포함)·관람장·운동시설	• 대형피난구유도등
② 유흥주점영업시설(손님이 춤을 출 수 있는 무대가 설치된 카바레, 나이트클럽 또는 그 밖에 이와 비슷한 영업시설만 해당)	• 통로유도등 • 객석유도등
③ 위락시설·판매시설·운수시설·관광숙박업·의료시설·장례식장·방송통신시설·전시장·지하상가·지하철역사	• 대형피난구유도등 • 통로유도등
④ 숙박시설(③의 관광숙박업 외의 것)·오피스텔	• 중형피난구유도등
⑤ ①~③ 외의 건축물로서 지하층·무창층 또는 층수가 11층 이상인 특정소방대상물	• 통로유도등
⑥ ①~⑤ 외의 건축물로서 근린생활시설·노유자시설·업무시설·발전시설·종교시설(집회장 용도로 사용하는 부분 제외)·교육연구시설·수련시설·공장·교정 및 군사시설(국방·군사시설 제외)·자동차정비공장·운전학원 및 정비학원·다중이용업소·복합건축물	• 소형피난구유도등 • 통로유도등
⑦ 그 밖의 것	• 피난구유도표지 • 통로유도표지

※ 비고
- 소방서장은 특정소방대상물의 위치·구조 및 설비의 상황을 판단하여 대형피난구유도등을 설치하여야 할 장소에 중형피난구유도등 또는 소형피난구유도등을, 중형피난구유도등을 설치하여야 할 장소에 소형피난구유도등을 설치하게 할 수 있음
- 복합건축물의 경우 주택의 세대 내에는 유도등을 설치하지 않을 수 있음

3 유도등의 설치

① **피난구유도등**

피난구 또는 피난경로로 사용되는 출입구를 표시하여 피난을 유도하는 등으로 피난구의 바닥으로부터 높이 1.5m 이상으로서 출입구에 인접하도록 다음의 장소에 설치

　㉠ 옥내로부터 직접 지상으로 통하는 출입구 및 그 부속실의 출입구

　㉡ 직통계단·직통계단의 계단실 및 그 부속실의 출입구

　㉢ ㉠ 및 ㉡에 따른 출입구에 이르는 복도 또는 통로로 통하는 출입구

　㉣ 안전구획된 거실로 통하는 출입구

　㉤ 피난층으로 향하는 피난구의 위치를 안내할 수 있도록 ㉠ 또는 ㉡에 따라 설치된 피난구유도등의 면과 수직이 되도록 피난구유도등을 추가로 설치(다만, 피난구유도등이 입체형인 경우에는 제외)

　㉥ 위 ㉤에 따라 추가로 설치하는 피난구유도등은 피난구의 식별이 용이하도록 피난구 방향의 화살표가 함께 표시된 것으로 설치

② **통로유도등**

특정소방대상물의 각 거실과 그로부터 지상에 이르는 복도 또는 계단의 통로에 다음 기준에 따라 설치함

복도통로유도등	㉠ 복도에 설치하되 상기 ① 피난구유도등의 ㉠ 또는 ㉡에 따라 피난구유도등이 설치된 출입구의 맞은편 복도에는 입체형으로 설치하거나 바닥에 설치할 것 ㉡ 구부러진 모퉁이 및 ㉠에 따라 설치된 통로유도등을 기점으로 보행거리 20m마다 설치할 것 ㉢ 바닥으로부터 높이 1m 이하의 위치에 설치할 것(다만, 지하층 또는 무창층의 용도가 도매시장·소매시장·여객자동차터미널·지하역사 또는 지하상가인 경우에는 복도·통로 중앙부분의 바닥에 설치) ㉣ 바닥에 설치하는 통로유도등은 하중에 따라 파괴되지 않는 강도의 것으로 할 것
거실통로유도등	㉠ 거실의 통로에 설치할 것. 다만, 거실의 통로가 벽체 등으로 구획된 경우에는 복도통로유도등을 설치 ㉡ 구부러진 모퉁이 및 보행거리 20m마다 설치할 것 ㉢ 바닥으로부터 높이 1.5m 이상의 위치에 설치할 것(다만, 거실통로에 기둥이 설치된 경우에는 기둥 부분 바닥으로부터 높이 1.5m 이하의 위치에 설치할 수 있음)
계단통로유도등	㉠ 각 층의 경사로 참 또는 계단참(1개 층에 경사로 참 또는 계단참이 그 이상 있는 경우 2개의 계단참)마다 설치할 것 ㉡ 바닥으로부터 높이 1m 이하의 위치에 설치할 것

③ **객석유도등** ★

- 객석의 통로, 바닥 또는 벽에 설치함
- 객석 내의 통로가 경사로 또는 수평로로 되어 있는 부분은 다음의 식에 따라 산출하여 설치

$$\text{객석유도등 설치개수(개)} = \frac{\text{객석통로의 직선 부분의 길이(m)}}{4} - 1$$

- 유도등의 종류

구분	피난구유도등	통로유도등			객석유도등
		복도	계단	거실	
용도	피난경로로 사용되는 출입구 표시	피난통로를 안내하기 위한 유도등으로 방향을 명시			객석의 통로 · 바닥 · 벽에 설치
설치장소 (위치)	출입구 (상부 설치)	일반복도 (하부 설치)	일반계단 (하부 설치)	주차장, 도서관 등 (상부 설치)	공연장, 극장 등 (하부 설치)

4 유도등 점검

① 전기회로에 점멸기를 설치하지 않고 항상 점등상태(2선식)를 유지할 것
② 다만, 특정소방대상물 또는 그 부분에 사람이 없거나 다음의 장소에는 상시 충전되는 3선식 배선으로 가능함
- 외부의 빛에 의해 피난구 또는 피난 방향을 쉽게 식별할 수 있는 장소
- 공연장, 암실 등으로서 어두워야 할 필요가 있는 장소
- 특정소방대상물의 관계인 또는 종사원이 주로 사용하는 장소

5 유도등의 3선식 배선 시 자동으로 점등되는 경우

① 자동화재탐지설비의 감지기 또는 발신기가 작동되는 때
② 비상경보설비의 발신기가 작동되는 때
③ 상용전원이 정전되거나 전원선이 단선되는 때
④ 방재업무를 통제하는 곳 또는 전기실의 배전반에서 수동으로 점등하는 때
⑤ 자동소화설비가 작동되는 때

| 평상시 점등이면 정상 | 평상시 소등이면 비정상 |

7　예비전원(배터리) 점검

외부에 있는 점검스위치(배터리상태 점검스위치)를 당겨보는 방법 또는 점검버튼을 눌러서 점등상태 확인

| 예비전원 점검스위치 | 예비전원 점검버튼 |

★ 단원별 핵심점검

이것만은 꼭　피난구조설비 핵심요약

- ☑ 완강기: 연속적으로 사용 가능 vs 간이완강기: 일회용의 것
- ☑ 비상조명등: 일반 20분, 11층 이상/지하/무창층의 경우 60분
- ☑ 4층 이상 10층 이하 노유자시설: 구조대, 피난교, 다수인피난장비, 승강식피난기
- ☑ 3선식 유도등 자동점등: 자동화재탐지설비 감지기 작동, 수신기 화재신호 수신 시

○× 빠른 체크　피난구조설비 핵심점검

01　지하층 도매시장의 비상조명등 유효시간은 20분이다.　　(○ , ×)

02　3선식 유도등은 자동화재탐지설비 감지기 작동 시 자동점등된다.　　(○ , ×)

03　노유자시설 4층에 미끄럼대를 설치할 수 있다.　　(○ , ×)

04　휴대용 비상조명등은 20분 이상 사용 가능해야 한다.　　(○ , ×)

| 01 | × | 02 | ○ | 03 | × | 04 | ○ |

</p>

단원별 출제예상문제

01

3층인 노유자시설에 적합하지 않은 피난기구는?

① 피난교
② 구조대
③ 완강기
④ 미끄럼대

정답 ③

해설

노유자시설 피난기구의 적응성

설치장소별 \ 층별	1층	2층	3층	4층 이상 10층 이하
노유자 시설	• 미끄럼대 • 구조대 • 피난교 • 다수인피난장비 • 승강식피난기	• 미끄럼대 • 구조대 • 피난교 • 다수인피난장비 • 승강식피난기	• 미끄럼대 • 구조대 • 피난교 • 다수인피난장비 • 승강식피난기	• 구조대 • 피난교 • 다수인피난장비 • 승강식피난기

02

소방대상물의 설치장소별 피난기구의 적응성에 대한 설명으로 옳지 않은 것은?

① 의료시설 3층에 구조대를 설치하였다.
② 조산원 4층에 승강식피난기를 설치하였다.
③ 노유자시설의 4층에 미끄럼대를 설치하였다.
④ 다중이용업소 2층에 피난사다리를 설치하였다.

정답 ③

해설

노유자시설 피난기구의 적응성

설치장소별 \ 층별	1층	2층	3층	4층 이상 10층 이하
노유자 시설	• 미끄럼대 • 구조대 • 피난교 • 다수인피난장비 • 승강식피난기	• 미끄럼대 • 구조대 • 피난교 • 다수인피난장비 • 승강식피난기	• 미끄럼대 • 구조대 • 피난교 • 다수인피난장비 • 승강식피난기	• 구조대 • 피난교 • 다수인피난장비 • 승강식피난기

03

피난기구의 종류 중 구조대에 대한 설명으로 옳은 것은?

① 화재 시 2인 이상의 피난자가 동시에 해당 층에서 지상 또는 피난층으로 하강하는 피난기구를 말한다.
② 화재발생 시 신속하게 지상으로 피난할 수 있도록 제조된 피난기구로서 장애인 복지시설, 노약자 수용시설 및 병원 등에 적합하다.
③ 지지대 또는 단단한 물체에 걸어서 사용자의 몸무게에 의하여 자동적으로 내려올 수 있는 기구 중 사용자가 교대하여 연속적으로 사용할 수 없는 일회용의 것을 말한다.
④ 화재 시 건물의 창, 발코니 등에서 지상까지 포대를 사용하여 그 포대 속을 활강하는 피난기구이다.

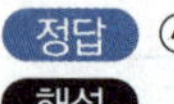 ④

구조대

화재 시 건물의 창, 발코니 등에서 지상까지 포대를 사용하여 그 포대 속을 활강하는 피난기구를 말한다.

04

지하층으로서 도매시장에 설치된 비상조명등의 유효작동시간으로 옳은 것은?

① 30분 이상　　　　　　　　　② 40분 이상
③ 50분 이상　　　　　　　　　④ 60분 이상

정답 ④

해설

비상조명등 유효작동시간
• 20분 이상
• 60분 이상: 지하층을 제외한 층수가 11층 이상의 층이거나 지하층 또는 무창층으로서 용도가 도매시장 · 소매시장 · 여객자동차터미널 · 지하역사 또는 지하상가인 경우

05

객석통로의 직선 부분의 길이가 58m인 경우 객석유도등이 최소 설치개수는?

① 13개
② 14개
③ 15개
④ 16개

 정답 ②

$$\text{객석유도등 설치개수} = \frac{\text{객석통로의 직선 부분의 길이(m)}}{4} - 1$$

$$= \frac{58(m)}{4} - 1 = 13.5 = 14개(소수점 올림)$$

06

다음 중 유도등에 관한 설명으로 옳은 것은?

① 계단통로유도등은 바닥으로부터 높이 1m 이상에 설치한다.
② 복도통로유도등은 바닥으로부터 높이 1m 이하에 설치한다.
③ 거실통로유도등은 바닥으로부터 높이 2.5m 이상에 설치한다.
④ 피난구유도등은 바닥으로부터 높이 1.5m 이하에 설치한다.

 정답 ②

복도통로유도등의 설치
- 구부러진 모퉁이 및 설치된 통로유도등을 기점으로 보행거리 20m마다 설치할 것
- 바닥으로부터 1m 이하의 위치에 설치할 것

07

다음 중 거실통로유도등의 설치 높이로 알맞은 것은?

① 바닥으로부터 높이 1m 이하에 설치
② 바닥으로부터 높이 1m 이상에 설치
③ 바닥으로부터 높이 1.5m 이하에 설치
④ 바닥으로부터 높이 1.5m 이상에 설치

 정답 ④

거실통로유도등 설치
- 거실의 통로에 설치할 것. 다만, 거실의 통로가 벽체 등으로 구획된 경우에는 복도통로유도등을 설치
- 구부러진 모퉁이 및 보행거리 20m마다 설치할 것
- 바닥으로부터 높이 1.5m 이상의 위치에 설치할 것. 다만, 거실통로에 기둥이 설치된 경우에는 기둥 부분 바닥으로부터 높이 1.5m 이하의 위치에 설치할 수 있음

08

유도등의 3선식 배선 시 자동으로 점등되는 경우가 아닌 것은?

① 자동화재탐지설비의 발신기가 작동되는 때
② 자동화재탐지설비의 감지기가 작동되는 때
③ 자동소화설비가 작동되는 때
④ 상용전원이 정상적으로 공급되는 때

 정답 ④

해설

유도등의 3선식 배선 시 자동으로 점등되는 경우
• 자동화재탐지설비의 감지기 또는 발신기가 작동되는 때
• 비상경보설비의 발신기가 작동되는 때
• 상용전원이 정전되거나 전원선이 단선되는 때
• 방재업무를 통제하는 곳 또는 전기실의 배전반에서 수동으로 점등하는 때
• 자동소화설비가 작동되는 때

06

소방계획 수립

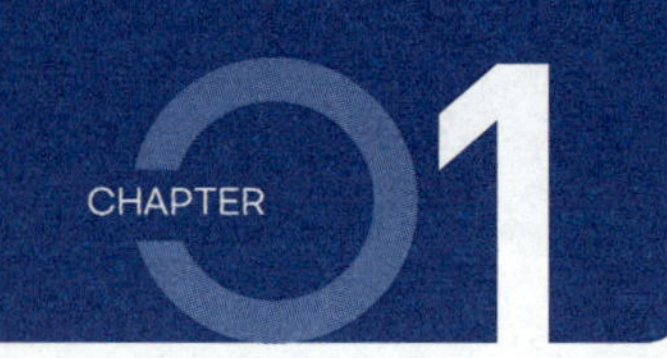

CHAPTER **01**

소방계획의 수립

01 소방안전관리대상물 소방계획의 주요 내용 ★

① 소방안전관리대상물의 위치·구조·연면적·용도 및 수용인원 등 일반 현황
② 소방안전관리대상물에 설치한 소방시설, 방화시설, 전기시설, 가스시설 및 위험물시설의 현황
③ 화재 예방을 위한 자체점검계획 및 대응대책
④ 소방시설·피난시설 및 방화시설의 점검·정비계획
⑤ 피난층 및 피난시설의 위치와 피난경로의 설정, 화재안전취약자의 피난계획 등을 포함한 피난계획
⑥ 방화구획, 제연구획, 건축물의 내부 마감재료 및 방염대상물품의 사용현황과 그 밖의 방화구조 및 설비의 유지·관리계획
⑦ 관리의 권원이 분리된 소방안전관리에 관한 사항
⑧ 소방훈련·교육에 관한 계획
⑨ 소방안전관리대상물의 근무자 및 거주자의 자위소방대 조직과 대원의 임무(화재안전취약자의 피난보조임무를 포함)에 관한 사항
⑩ 화기 취급작업에 대한 사전 안전조치 및 감독 등 공사 중 소방안전관리에 관한 사항
⑪ 소화에 관한 사항과 연소방지에 관한 사항
⑫ 위험물의 저장·취급에 관한 사항
⑬ 소방안전관리에 대한 업무수행에 관한 기록 및 유지에 관한 사항
⑭ 화재발생 시 화재경보, 초기소화 및 피난유도 등 초기대응에 관한 사항
⑮ 그 밖에 소방본부장 또는 소방서장이 소방안전관리대상물의 위치·구조·설비 또는 관리 상황 등을 고려하여 소방안전관리에 필요하여 요청하는 사항

02 소방계획의 책임과 권한

명칭	주요 책임과 권한
대표·소유자	소방계획을 수립·실행하는 최종적인 책임과 권한
관리책임자	소방계획을 수립·실행하기 위한 관리적 책임과 권한
안전관리자	소방계획의 수립·실행에 대한 실무적 책임과 권한
근무·거주자	소방계획의 수립·실행에 참여하고 실천하는 책임과 권한

<table>
<tr><td colspan="2">03 소방계획의 주요 원리 ★</td></tr>
<tr><td>종합적 안전관리</td><td>• 모든 형태의 위험을 포괄
• 재난의 전주기적(예방 · 대비 → 대응 → 복구) 단계의 위험성 평가</td></tr>
<tr><td>통합적 안전관리</td><td>• 외부: 거버넌스(정부 – 대상처 – 전문기관) 및 안전관리 네트워크 구축
• 내부: 협력 및 파트너십 구축, 전원 참여</td></tr>
<tr><td>지속적 발전모델</td><td>PDCA Cycle(계획: Plan, 이행 · 운영: Do, 모니터링: Check, 개선: Act)</td></tr>
</table>

04 소방계획의 작성원칙 ★

실현가능한 계획	• 소방계획의 작성에서 가장 핵심적인 측면은 위험관리임 • 소방계획은 대상물의 위험요인을 체계적으로 관리하기 위한 일련의 활동 • 위험요인의 관리는 반드시 실현가능한 계획으로 구성되어야 함
관계인의 참여	소방계획의 수립 및 시행과정에 소방안전관리대상물의 관계인(소유자, 점유자, 관리자), 재실자 및 방문자 등 전원이 참여하도록 수립하여야 함
계획수립의 구조화	체계적이고 전략적인 계획의 수립을 위해 작성 – 검토 – 승인 3단계의 구조화된 절차를 거쳐야 함
실행우선	• 소방계획의 궁극적 목적: 비상상황 발생 시 신속하고 효율적인 대응 및 복구로 피해를 최소화 • 문서로 작성된 계획만으로는 소방계획이 완료되었다고 보기 어려움 • 교육훈련 및 평가 등 이행의 과정이 있어야 함

05 소방계획의 수립절차 ★

사전기획	소방계획 수립을 위한 임시조직을 구성하거나 위원회 등을 개최하여 법적 요구사항은 물론 이해관계자의 의견을 수렴하고 세부 작성계획을 수립
위험환경 분석	대상물 내 물리적 및 인적 위험요인 등에 대한 위험요인을 식별하고, 이에 대한 분석 및 평가를 정성적 · 정량적으로 실시한 후 이에 대한 대책을 수립
설계 및 개발	대상물의 환경 등을 바탕으로 소방계획 수립의 목표와 전략을 수립하고 세부 실행계획을 수립
시행 및 유지관리	구체적인 소방계획을 수립하고 이해관계자의 검토를 거쳐 최종 승인을 받은 후 소방계획을 이행하고 지속적인 개선을 실시

1단계 (사전기획)	2단계 (위험환경 분석)	3단계 (설계/개발)	4단계 (시행/유지관리)
작성준비 ↓ 요구사항 검토 ↓ 작성계획 수립	위험환경 식별 ↓ 위험환경 분석/평가 ↓ 위험경감대책 수립	목표/전략 수립 ↓ 실행계획 설계 및 개발	수립/시행 ↓ 운영/유지관리

★ 단원별 핵심점검

이것만은 꼭 소방계획의 수립 핵심요약

- ☑ 종합적 안전관리: 모든 형태의 위험을 포괄, 재난의 전주기적 단계의 위험성 평가
- ☑ 소방계획의 작성원칙: 실현가능한 계획, 관계인의 참여, 계획수립의 구조화, 실행우선
- ☑ 소방계획의 수립절차: 사전기획 → 위험환경 분석 → 설계/개발 → 시행/유지관리
- ☑ 위험환경 분석의 순서: 위험환경 식별 → 위험환경 분석/평가 → 위험경감대책 수립

○✕ 빠른 체크 소방계획의 수립 핵심점검

01 소방계획의 수립절차는 '사전기획 → 위험환경 분석 → 설계/개발 → 시행/유지관리'이다. (○ , ✕)

02 소방계획 수립 시 관계인의 참여가 필요하다. (○ , ✕)

03 소방계획은 비현실적이어도 이상적인 목표를 설정해야 한다. (○ , ✕)

04 위험환경 분석의 순서는 '위험환경 식별 → 위험환경 분석/평가 → 위험경감대책 수립'이다. (○ , ✕)

01	○	02	○	03	✕	04	○

단원별 출제예상문제

01
소방계획의 수립절차 중 소방계획의 목표와 전략을 수립하고 세부실행계획을 수립하는 절차에 해당하는 것은?

① 시행 및 유지관리
② 위험환경 분석
③ 설계 및 개발
④ 사전기획

정답 ③

해설

소방계획의 수립절차

사전기획	소방계획 수립을 위한 임시조직을 구성하거나 위원회 등을 개최하여 법적 요구사항은 물론 이해관계자의 의견을 수렴하고 세부 작성계획을 수립
위험환경 분석	대상물 내 물리적 및 인적 위험요인 등에 대한 위험요인을 식별하고, 이에 대한 분석 및 평가를 정성적·정량적으로 실시한 후 이에 대한 대책을 수립
설계 및 개발	대상물의 환경 등을 바탕으로 소방계획 수립의 목표와 전략을 수립하고 세부 실행계획을 수립
시행 및 유지관리	구체적인 소방계획을 수립하고 이해관계자의 검토를 거쳐 최종 승인을 받은 후 소방계획을 이행하고 지속적인 개선을 실시

02
소방계획의 주요 원리 중 (   ) 안에 들어갈 내용으로 알맞은 것은?

주요 원리	주요 내용
( )	• 모든 형태의 위험을 포괄 • 재난의 전주기적(예방·대비 → 대응 → 복구) 단계의 위험성 평가

① 종합적 안전관리
② 융합적 안전관리
③ 지속적 발전모델
④ 통합적 안전관리

정답 ①

해설

소방계획의 주요 원리

종합적 안전관리	• 모든 형태의 위험을 포괄 • 재난의 전주기적(예방·대비 → 대응 → 복구) 단계의 위험성 평가
통합적 안전관리	• 외부: 거버넌스(정부 – 대상처 – 전문기관) 및 안전관리 네트워크 구축 • 내부: 협력 및 파트너십 구축, 전원 참여
지속적 발전모델	PDCA Cycle(계획: Plan, 이행·운영: Do, 모니터링: Check, 개선: Act)

03

다음 중 소방계획에 포함되어야 하는 주요 내용으로 가장 적절하지 않은 것은?

① 소방안전관리대상물의 위치 · 구조 · 연면적 등 일반 현황
② 소방시설 · 피난시설 및 방화시설의 점검 · 정비계획
③ 소방훈련 · 교육에 관한 사항
④ 해당 건축물 소유주의 개인별 금융 자산 및 부채 현황

 정답 ④

 해설

소방안전관리대상물 소방계획의 주요 내용
• 소방안전관리대상물의 위치 · 구조 · 연면적 · 용도 및 수용인원 등 일반 현황
• 소방안전관리대상물에 설치한 소방시설, 방화시설, 전기시설, 가스시설 및 위험물시설의 현황
• 화재 예방을 위한 자체점검계획 및 대응대책
• 소방시설 · 피난시설 및 방화시설의 점검 · 정비계획
• 피난층 및 피난시설의 위치와 피난경로의 설정, 화재안전취약자의 피난계획 등을 포함한 피난계획
• 방화구획, 제연구획, 건축물의 내부 마감재료 및 방염대상물품의 사용현황과 그 밖의 방화구조 및 설비의 유지 · 관리계획
• 관리의 권원이 분리된 소방안전관리에 관한 사항
• 소방훈련 · 교육에 관한 계획
• 소방안전관리대상물의 근무자 및 거주자의 자위소방대 조직과 대원의 임무(화재안전취약자의 피난보조임무를 포함)에 관한 사항
• 화기 취급작업에 대한 사전 안전조치 및 감독 등 공사 중 소방안전관리에 관한 사항
• 소화에 관한 사항과 연소방지에 관한 사항
• 위험물의 저장 · 취급에 관한 사항
• 소방안전관리에 대한 업무수행에 관한 기록 및 유지에 관한 사항
• 화재발생 시 화재경보, 초기소화 및 피난유도 등 초기대응에 관한 사항
• 그 밖에 소방본부장 또는 소방서장이 소방안전관리대상물의 위치 · 구조 · 설비 또는 관리 상황 등을 고려하여 소방안전관리에 필요하여 요청하는 사항

04

다음 중 위험요인의 관리는 반드시 실현가능한 계획으로 구성되어야 한다고 강조하는 소방계획의 작성원칙은?

① 실행우선
② 관계인의 참여
③ 실현가능한 계획
④ 계획수립의 구조화

정답 ③

해설

실현가능한 계획	• 소방계획의 작성에서 가장 핵심적인 측면은 위험관리임 • 소방계획은 대상물의 위험요인을 체계적으로 관리하기 위한 일련의 활동 • 위험요인의 관리는 반드시 실현가능한 계획으로 구성되어야 함
관계인의 참여	소방계획의 수립 및 시행과정에 소방안전관리대상물의 관계인, 재실자 및 방문자 등 전원이 참여하도록 수립하여야 함
계획수립의 구조화	체계적이고 전략적인 계획의 수립을 위해 작성 – 검토 – 승인 3단계의 구조화된 절차를 거쳐야 함
실행우선	• 소방계획의 궁극적 목적: 비상상황 발생 시 신속하고 효율적인 대응 및 복구로 피해를 최소화 • 문서로 작성된 계획만으로는 소방계획이 완료되었다고 보기 어려움 • 교육훈련 및 평가 등 이행의 과정이 있어야 함

05

다음 중 소방계획의 수립 및 작성 시 고려해야 할 주요 원리 및 원칙에 대한 설명으로 알맞지 않은 것은?

① 소방계획을 작성할 때 관계인, 재실자 및 방문자 등 전원이 참여하도록 수립한다.
② 소방계획을 작성한 후 작성 · 검토 및 승인의 3단계 절차에 따라 구조화해야 한다.
③ 통합적 안전관리의 원리에 따라 모든 형태의 위험을 포괄하는 전주기적 단계의 위험성 평가 과정을 거친다.
④ 소방안전관리대상물에 설치한 소방시설, 방화시설, 전기시설, 가스시설 및 위험물시설의 현황이 포함된다.

정답 ③

해설

소방계획의 주요 원리

종합적 안전관리	• 모든 형태의 위험을 포괄 • 재난의 전주기적(예방 · 대비 → 대응 → 복구) 단계의 위험성 평가
통합적 안전관리	• 외부: 거버넌스(정부 – 대상처 – 전문기관) 및 안전관리 네트워크 구축 • 내부: 협력 및 파트너십 구축, 전원 참여
지속적 발전모델	PDCA Cycle(계획: Plan, 이행 · 운영: Do, 모니터링: Check, 개선: Act)

06

소방계획의 수립절차는 1단계(사전기획), 2단계(위험환경 분석), 3단계(설계 및 개발), 4단계(시행 및 유지관리)로 구성되어 있다. 다음 중 2단계(위험환경 분석)의 내용에 해당하는 것을 모두 고른 것은?

㉠ 위험환경 식별	㉡ 위험환경 분석/평가
㉢ 위험경감대책 수립	㉣ 위험환경 목표/전략 수립

① ㉠, ㉡
③ ㉠, ㉡, ㉣

② ㉠, ㉡, ㉢
④ ㉠, ㉢, ㉣

정답 ②

해설

소방계획의 수립절차

1단계 (사전기획)	2단계 (위험환경 분석)	3단계 (설계/개발)	4단계 (시행/유지관리)
작성준비 ↓ 요구사항 검토 ↓ 작성계획 수립	위험환경 식별 ↓ 위험환경 분석/평가 ↓ 위험경감대책 수립	목표/전략 수립 ↓ 실행계획 설계 및 개발	수립/시행 ↓ 운영/유지관리

07

소방계획의 수립절차 중 가장 먼저 와야 하는 순서로 옳은 것은?

① 위험환경 분석
② 설계 및 개발
③ 시행 및 유지관리
④ 사전기획

 ④

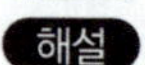

소방계획의 수립절차

1단계 (사전기획)	2단계 (위험환경 분석)	3단계 (설계/개발)	4단계 (시행/유지관리)
작성준비 ↓ 요구사항 검토 ↓ 작성계획 수립	위험환경 식별 ↓ 위험환경 분석/평가 ↓ 위험경감대책 수립	목표/전략 수립 ↓ 실행계획 설계 및 개발	수립/시행 ↓ 운영/유지관리

CHAPTER 02 자위소방대 및 초기대응체계 구성 · 운영

01 자위소방대 기본 개념 및 자위소방활동

1 자위소방대의 개념

① 소방안전관리대상물에서 화재 등 재난발생 시 비상연락, 초기소화, 피난유도 및 인명 · 재산피해 최소화를 위해 편성된 자율안전관리조직

② 소방안전관리대상물의 화재 시 초기소화, 조기피난 및 응급처치 등에 필요한 골든타임(화재 시 5분, CPR은 4~6분 이내) 확보를 위해 필수적

2 자위소방활동별 업무특성

비상연락	화재 시 상황전파, 화재신고(119) 및 통보연락 업무
초기소화	초기소화설비를 이용한 조기 화재진압
응급구조	응급상황 발생 시 응급조치 및 응급의료소 설치 · 지원
방호안전	화재확산방지, 위험물시설에 대한 제어 및 비상반출
피난유도	재실자, 방문자의 피난유도 및 피난약자에 대한 피난보조활동

02 자위소방대 · 초기대응체계 구성 및 훈련방법

1 자위소방대 구성 ★

구분	편성대상	편성기준	
TYPE Ⅰ	• 특급 • 1급(연면적 30,000m² 이상 포함 – 공동주택 제외)	지휘통제	지휘통제팀
		현장대응 (본부대)	비상연락팀, 초기소화팀, 피난유도팀, 응급구조팀, 방호안전팀 ＊필요시 팀 가감 편성
		현장대응 (지구대n)	각 구역(Zone)별 현장대응팀 ＊구역별 규모, 인력에 따라 편성
TYPE Ⅱ	• 1급 ＊연면적 30,000m² 이상의 경우 TYPE Ⅰ 참고 및 적용(공동주택 제외) • 2급(상시 근무인원 50명 이상)	지휘통제	지휘통제팀
		현장대응	비상연락팀, 초기소화팀, 피난유도팀, 응급구조팀, 방호안전팀 ＊필요시 팀 가감 편성

PART 06

		지휘통제	지휘통제팀
TYPE Ⅲ	2급, 3급 *상시 근무인원 50명 이상의 경우 TYPE Ⅱ 참고 및 적용	현장대응	(10인 미만) 현장대응팀 *개별 팀 구분 없음 (10인 이상) 비상연락팀, 초기소화팀, 피난유도팀 *필요시 팀 가감 편성
초기대응체계	상시 근무 또는 거주인원	초기대응	초기대응팀(휴일야간 포함)

2 유형별(TYPE) 조직구성

TYPE Ⅰ	• TYPE Ⅰ의 대상물은 지휘조직인 지휘통제팀과 현장대응조직인 비상연락팀, 초기소화팀, 피난유도팀, 방호안전팀, 응급구조팀으로 구성 • TYPE Ⅰ의 소방대상물은 대상물의 관리·이용형태 및 위험특성을 고려하여 둘 이상의 현장대응조직을 운영 가능(이 경우, 최초의 현장대응조직은 본부대가 되며 추가적인 편성조직은 지구대로 구분) • 본부대는 비상연락팀, 초기소화팀, 피난유도팀, 방호안전팀, 응급구조팀을 기본으로 편성 • 지구대는 각 구역(Zone)별 규모, 편성대원 등 현장 운영여건에 따라 필요한 팀 구성 가능
TYPE Ⅱ	• TYPE Ⅱ의 대상물은 지휘조직인 지휘통제팀과 현장대응조직인 비상연락팀, 초기소화팀, 피난유도팀, 방호안전팀, 응급구조팀으로 구성 • TYPE Ⅱ의 현장대응조직은 조직 및 편성대원의 여건에 따라 일부 팀을 가감하여 운영 가능
TYPE Ⅲ	• TYPE Ⅲ의 대상물은 지휘조직과 현장대응조직으로 구성 • 편성대원 10인 미만의 현장대응조직은 하위조직(팀)의 구분 없이 운영할 수 있지만, 개인별 비상연락, 초기소화, 피난유도 등의 업무를 담당할 수 있도록 현장대응팀 구성 • 편성대원 10인 이상의 현장대응조직은 비상연락팀, 초기소화팀, 피난유도팀을 구성하여 해당 업무를 수행하고 필요시 팀을 가감하여 편성
초기대응체계	• 자위소방대에 포함하여 편성하되, 화재발생 초기에 신속하게 대응할 수 있도록 구성 • 소방안전관리대상물이 이용되는 기간 동안에는 상시적으로 운영되어야 함 • 화재 초기 비상연락, 초기소화 및 피난유도(피난유도자 지정) 등의 기본기능과 대상물 특성을 반영한 특수기능을 수행할 수 있도록 구역별 소규모팀으로 편성

3 자위소방대 인력편성

팀별 인원편성	• 자위소방대원은 대상물 내 상시 근무하거나 거주하는 인원 중 자위소방활동이 가능한 인력으로 편성 • 각 팀별 최소편성 인원은 2명 이상으로 하고 각 팀별 책임자(팀장)를 지정하여 운영 • 각 팀별 구성인원이 부족한 경우 팀별 기능을 통합하여 팀 조직을 가감하거나 현장대응팀으로 구성하여 운영 가능
대장 및 부대장 지정	소방안전관리대상물의 소유주, 법인의 대표 또는 관리기관의 책임자를 자위소방대장으로 지정하고 소방안전관리자를 부대장으로 지정
대리자 지정	소방안전관리대상물의 대장 또는 부대장이 대상물에 부재하는 경우 업무를 대리하기 위한 대리자를 지정하여 운영

<table>
<tr><td rowspan="4">초기대응체계의
인원편성</td><td>• 소방안전관리보조자, 경비(보안)근무자 또는 대상물 관리인 등 상시 근무자를 중심으로 구성</td></tr>
<tr><td>• 소방안전관리대상물의 근무자의 근무위치, 근무인원 등을 고려하여 편성[이 경우 소방안전관리보조자
(보조자가 없는 대상처는 선임 대원)를 운영책임자로 지정]</td></tr>
<tr><td>• 초기대응체계 편성 시 1명 이상은 수신반(또는 종합방재실)에 근무해야 하며 화재상황에 대한 모니터링
또는 지휘통제가 가능해야 함</td></tr>
<tr><td>• 휴일 및 야간에 무인경비시스템을 통해 감시하는 경우에는 무인경비회사와 비상연락체계를 구축할
수 있음</td></tr>
</table>

4 훈련의 실시

① 자위소방대장은 대상물의 규모, 인원 및 이용형태 등을 이용하여 대상물에 적합한 훈련대상 및 훈련방법을 결정해야 하고, 이 경우 다음의 훈련방법 및 내용 참고 가능

훈련의 종류		참여인원	주요 내용
기본훈련		자위소방대	개별/팀별 임무숙지
피난훈련	주간	자위소방대 + 재실자	• 피난(유도/보조)훈련 • 피난안전구역 집결훈련 • 집결지 집결훈련
	야간		
종합훈련		자위소방대 + 재실자	기본훈련 + 피난훈련
합동훈련		종합훈련참가자 + 소방관서	종합훈련 + 소방관서 공동훈련

② 훈련에 대한 실시결과 기록은 교육을 실시한 날부터 2년간 보관

PART 06

★ 단원별 핵심점검

이것만은 꼭 **자위소방대 및 초기대응체계 구성·운영 핵심요약**

☑ 자위소방대: 화재 시 자체적으로 대응하는 민간조직
☑ 유형(TYPE)별 조직: 소방시설·인력 규모에 따라 TYPE 편성
☑ 소방훈련결과 보관: 2년

○✕ 빠른 체크 **자위소방대 및 초기대응체계 구성·운영 핵심점검**

01　자위소방대는 소방관서에 소속된 공공조직이다.　(○ , ✕)

02　소방훈련 및 교육실시결과는 2년간 보관해야 한다.　(○ , ✕)

03　초기대응체계는 소방대가 도착한 후에 가동된다.　(○ , ✕)

01	✕	02	○	03	✕

단원별 출제예상문제

01

다음은 어느 건축물의 소방시설 및 편성가능인원을 나타낸 것이다. 가장 적합한 자위소방대의 유형으로 알맞은 것은?

> • 소방안전관리 3급 대상물이다.
> • 상주인원(편성가능인원)은 9명이다.
> • 소방시설은 자동화재탐지설비와 수동식 소화기가 설치되어 있다.

① TYPE Ⅰ
② TYPE Ⅱ
③ TYPE Ⅲ
④ TYPE Ⅰ, Ⅱ, Ⅲ 모두 해당

 정답 ③

 해설

자위소방대 구성

구분	편성대상	편성기준	
TYPE Ⅰ	• 특급 • 1급(연면적 30,000m² 이상 포함 – 공동주택 제외)	지휘통제	지휘통제팀
		현장대응 (본부대)	비상연락팀, 초기소화팀, 피난유도팀, 응급구조팀, 방호안전팀 ＊필요시 팀 가감 편성
		현장대응 (지구대n)	각 구역(Zone)별 현장대응팀 ＊구역별 규모, 인력에 따라 편성
TYPE Ⅱ	• 1급 ＊연면적 30,000m² 이상의 경우 TYPE Ⅰ 참고 및 적용(공동주택 제외) • 2급(상시 근무인원 50명 이상)	지휘통제	지휘통제팀
		현장대응	비상연락팀, 초기소화팀, 피난유도팀, 응급구조팀, 방호안전팀 ＊필요시 팀 가감 편성
TYPE Ⅲ	2급, 3급 ＊상시 근무인원 50명 이상의 경우 TYPE Ⅱ 참고 및 적용	지휘통제	지휘통제팀
		현장대응	(10인 미만) 현장대응팀 ＊개별 팀 구분 없음 (10인 이상) 비상연락팀, 초기소화팀, 피난유도팀 ＊필요시 팀 가감 편성
초기대응체계	상시근무 또는 거주인원	초기대응	초기대응팀(휴일야간 포함)

02

다음 중 자위소방활동과 업무특성에 대해 잘못 짝지어진 것은?

① 피난유도: 재실자, 방문자의 피난유도 및 피난약자에 대한 피난보조활동
② 비상연락: 화재 시 상황전파, 화재신고(119) 및 통보연락 업무
③ 방호안전: 초기소화설비를 이용한 조기 화재진압
④ 응급구조: 응급상황 발생 시 응급조치 및 응급의료소 설치 · 지원

 정답 ③

해설

자위소방활동

비상연락	화재 시 상황전파, 화재신고(119) 및 통보연락 업무
초기소화	초기소화설비를 이용한 조기 화재진압
응급구조	응급상황 발생 시 응급조치 및 응급의료소 설치 · 지원
방호안전	화재확산방지, 위험물시설에 대한 제어 및 비상반출
피난유도	재실자, 방문자의 피난유도 및 피난약자에 대한 피난보조활동

03

자위소방대의 초기대응체계의 인원편성 및 운영기준에 대한 설명으로 옳은 것은?

① 근무자의 근무위치나 인원수는 고려할 필요가 없다.
② 수신반에는 반드시 1명 이상이 근무하여 상황 모니터링 및 지휘통제를 수행해야 한다.
③ 휴일 및 야간에 무인경비시스템을 사용하더라도 비상연락체계 구축은 의무가 아니다.
④ 초기대응체계는 모든 근무자가 피난한 후에 조직하는 사후 조직이다.

 정답 ②

해설

자위소방대의 초기대응체계 인원편성

- 소방안전관리보조자, 경비(보안)근무자 또는 대상물 관리인 등 상시 근무자를 중심으로 구성
- 소방안전관리대상물의 근무자의 근무위치, 근무인원 등을 고려하여 편성[이 경우 소방안전관리보조자(보조자가 없는 대상처는 선임 대원)를 운영책임자로 지정]
- 초기대응체계 편성 시 1명 이상은 수신반(또는 종합방재실)에 근무해야 하며 화재상황에 대한 모니터링 또는 지휘통제가 가능해야 함
- 휴일 및 야간에 무인경비시스템을 통해 감시하는 경우에는 무인경비회사와 비상연락체계를 구축할 수 있음

04

자위소방대장이 소방훈련 및 교육을 실시한 후 그 실시결과에 대한 기록은 몇 년간 보관해야 하는가?

① 1년
② 2년
③ 3년
④ 5년

 ②

해설

소방훈련에 대한 실시결과 기록은 교육을 실시한 날부터 2년간 보관한다.

05

소방훈련의 종류와 참여인원에 대한 설명으로 틀린 것은?

① 기본훈련: 자위소방대가 참여하며 개별/팀별임무를 숙지한다.
② 피난훈련: 자위소방대와 재실자가 함께 참여하여 집결훈련 등을 실시한다.
③ 종합훈련: 기본훈련과 피난훈련을 합친 형태의 훈련이다.
④ 합동훈련: 소방관서의 공동훈련으로 자위소방대원들만 참여한다.

 ④

해설

훈련의 실시

훈련의 종류		참여인원	주요 내용
기본훈련		자위소방대	개별/팀별 임무숙지
피난훈련	주간	자위소방대 + 재실자	• 피난(유도/보조)훈련 • 피난안전구역 집결훈련 • 집결지 집결훈련
	야간		
종합훈련		자위소방대 + 재실자	기본훈련 + 피난훈련
합동훈련		종합훈련참가자 + 소방관서	종합훈련 + 소방관서 공동훈련

CHAPTER **03**

화재대응 및 피난

01 화재대응 순서

화재전파 및 접수	불을 발견하면 "불이야" 하고 외쳐 다른 사람에게 알리고 화재경보장치를 누름
화재신고	화재를 인지·접수한 경우 침착하게 불이 난 사실과 현재 위치, 화재진행상황 및 피해현황 등을 소방기관에 신고
비상방송	담당 대원은 비상방송설비를 사용하여 신속하게 화재사실을 전파하며 필요한 경우 즉각적인 피난개시를 명령함
대원소집 및 임무부여	화재가 접수되면 초기대응체계를 구축하여 신속하게 화재에 대응하고 이후 화세의 확대 여부 등을 고려하여 자위소방대장 또는 부대장은 자위소방대원을 소집하고 임무를 부여함
관계기관 통보·연락	소방안전관리자 또는 자위소방조직상 담당 대원은 비상연락체계를 통해 유관기관, 협력업체 등에 화재사실을 전파하고 신속한 대응준비를 지시
초기소화	• 화재를 인지한 경우 화재현장에서 소화기 또는 옥내소화전을 사용하여 신속한 초기소화작업을 실시 • 초기소화가 어려운 경우 열 또는 연기 확산 방지를 위해 출입문을 닫고 즉시 피난함

02 피난

1 화재 시 일반적 피난행동

① 엘리베이터는 절대 이용하지 않도록 하며 계단을 이용해 옥외로 대피
② 아래층으로 대피가 불가능한 때에는 옥상으로 대피
③ 아파트의 경우 세대 밖으로 나가기 어려울 경우 세대 사이에 설치된 경량칸막이를 통해 옆 세대로 대피하거나 세대 내 대피공간으로 대피
④ 유도등, 유도표지를 따라 대피
⑤ 연기 발생 시 최대한 낮은 자세로 이동하고 코와 입을 젖은 수건 등으로 막아 연기를 마시지 않도록 함
⑥ 출입문을 열기 전 문 손잡이가 뜨거우면 문을 열지 말고 다른 길을 찾음
⑦ 옷에 불이 붙었을 때에는 얼굴(눈, 코, 입)을 가리고 바닥에서 뒹굶
⑧ 탈출한 경우에는 절대로 다시 화재 건물로 들어가지 않음

PART 06

2 피난 실패 시 행동요령

① 건물 밖으로 대피하지 못한 경우 밖으로 통하는 창문이 있는 방으로 들어감
② 방 안으로 연기가 들어오지 못하도록 문틈을 커튼 등으로 막음
③ 내부 물건 등을 활용하여 자신의 위치를 알리고 구조를 기다림

3 피난약자의 피난계획 수립 시 일반원칙

① 피난약자의 재배치 또는 수직피난 등 화재상황에 적합한 피난전략을 고려·실시
② 피난유도 시 피난약자를 우선 피난대상으로 지정하여 피난 유도 및 보조 요청
③ 사전에 피난보조자를 배치하거나 현장에서 피난보조자 지정

4 장애유형별 피난보조 예시

① 휠체어 사용자

평지보다 계단에서 주의가 필요하며, 많은 사람들이 보조할수록 상대적으로 쉬운 대피가 가능함

일반휠체어	전동휠체어
• 뒤쪽으로 기울여 손잡이를 잡고 뒷바퀴보다 한 계단 아래에서 무게중심을 잡고 이동 • 2인이 보조 시 다른 1인은 장애인을 마주보며 손잡이를 잡고 동일한 방법으로 이동	전동휠체어에 탑승한 상태에서 계단 이동 시는 일반휠체어와 동일한 요령으로 보조할 수도 있으나, 휠체어의 무게가 무거워 많은 인원과 공간이 필요하므로 전원을 끈 후 업거나 안아서 피난을 보조하는 것이 가장 효과적

② 시각장애인
   • 평상시와 같이 지팡이를 이용하여 피난토록 함
   • 피난보조자는 팔과 어깨에 살며시 기대도록 하여 안내하며 계단, 장애물 등을 미리 알려줌
   • 피난유도 시 여기, 저기 등 애매한 표현보다는 '좌측 1m, 왼쪽 2m' 등과 같이 명확하게 표현함
   • 여러 명의 시각장애인이 동시 대피하는 경우 서로 손을 잡고 질서 있게 피난토록 함

③ 청각장애인
   • 시각적인 전달을 위해 표정이나 제스처를 사용하고 조명(손전등 및 전등)을 적극 활용
   • 메모를 이용한 대화도 효과적

④ 지적장애인
   • 공황상태에 빠질 수 있으므로 차분하고 느린 어조로 도움을 주러 왔음을 밝히고 피난을 보조
   • 인격을 고려한 친절한 말투 사용이 요구됨

⑤ 노약자

노인은 지병이 있는 경우가 많으므로 구조대가 알기 쉽게 지병을 표시

⑥ 지체장애인

- 불가피한 경우를 제외하고는 2인 이상이 1조가 되어 피난을 보조
- 장애 정도에 따라 보조기구를 적극 활용하며 계단 및 경사로에서의 균형에 주의를 요함

★ 단원별 핵심점검

이것만은 꼭 　화재대응 및 피난 핵심요약

☑ 화재대응 순서: 화재전파 · 접수 → 화재신고 → 비상방송 → 대원소집 · 임부부여 → 관계기관 통보 · 연락 → 초기소화
☑ 화재 시 피난: 엘리베이터는 절대 이용 금지, 연기 발생 시 낮은 자세 및 젖은 수건으로 코와 입 보호
☑ 장애유형별 피난보조: 시각장애인 – 명확한 표현 / 청각장애인 – 조명, 메모 사용
☑ 지체장애인 피난보조: 2인 이상 1조가 되어 피난보조

○✕ 빠른 체크 　화재대응 및 피난 핵심점검

01　비상방송 단계에서 담당 대원은 화재사실을 전파하며 필요한 경우 즉각적인 피난 개시를 　(○ , ✕)
　　　 명령한다.

02　화재 시 엘리베이터를 이용하여 빠르게 대피한다. 　(○ , ✕)

03　청각장애인 피난보조 시 손전등이나 메모를 활용한다. 　(○ , ✕)

04　화재 시 높은 자세로 이동하면 연기를 피할 수 있다. 　(○ , ✕)

| 01 | ○ | 02 | ✕ | 03 | ○ | 04 | ✕ |

01

다음 중 화재 시 일반적 피난행동이 아닌 것은?

① 엘리베이터는 절대 이용하지 않는다.
② 아래층으로 대피보다는 옥상으로 우선 대피한다.
③ 아파트의 경우 세대 내 대피공간으로 대피한다.
④ 연기 발생 시 최대한 낮은 자세로 이동한다.

 정답 ②

해설

엘리베이터는 절대 이용하지 않도록 하며 계단을 이용해 옥외로 대피한다. 아래층으로 대피가 불가능한 때에 옥상으로 대피한다.

02

화재발생 시 대응 순서 중 '비상방송' 단계에서 담당 대원이 수행해야 할 임무로 옳은 것은?

① 화재진행상황 및 피해현황을 소방기관에 신고한다.
② 화재사실을 전파하며 필요한 경우 즉각적인 피난개시를 명령한다.
③ 초기대응체계를 구축하여 신속하게 화재에 대응한다.
④ 소화기 또는 옥내소화전을 사용하여 초기소화작업을 실시한다.

 정답 ②

해설

화재대응 순서

화재전파 및 접수	불을 발견하면 "불이야" 하고 외쳐 다른 사람에게 알리고 화재경보장치를 누름
화재신고	화재를 인지·접수한 경우 침착하게 불이 난 사실과 현재 위치, 화재진행상황 및 피해현황 등을 소방기관에 신고
비상방송	담당 대원은 비상방송설비를 사용하여 신속하게 화재사실을 전파하며 필요한 경우 즉각적인 피난개시를 명령함
대원소집 및 임무부여	화재가 접수되면 초기대응체계를 구축하여 신속하게 화재에 대응하고 이후 화세의 확대 여부 등을 고려하여 자위소방대장 또는 부대장은 자위소방대원을 소집하고 임무를 부여함
관계기관 통보·연락	소방안전관리자 또는 자위소방조직상 담당 대원은 비상연락체계를 통해 유관기관, 협력업체 등에 화재사실을 전파하고 신속한 대응준비를 지시
초기소화	• 화재를 인지한 경우 화재현장에서 소화기 또는 옥내소화전을 사용하여 신속한 초기소화작업을 실시 • 초기소화가 어려운 경우 열 또는 연기 확산 방지를 위해 출입문을 닫고 즉시 피난함

03

장애유형별 피난보조 시 손전등 및 전등을 활용하거나 메모를 이용한 대화가 효과적인 장애유형은?

① 청각장애인   ② 시각장애인
③ 지적장애인   ④ 노약자

정답 ①

해설

청각장애인 피난보조
시각적인 전달을 위해 표정이나 제스처를 사용하고 조명(손전등 및 전등)을 적극 활용하며 메모를 이용한 대화도 효과적이다.

04

화재 발생 시 시각장애인의 피난을 돕는 방법으로 가장 적절하지 않은 것은?

① 평상시와 같이 지팡이를 이용하여 피난하도록 유도한다.
② 피난보조자는 시각장애인이 팔이나 어깨에 살며시 기대도록 하여 안내한다.
③ "여기", "저기" 등 방향을 지칭하는 용어를 사용하여 신속하게 이동시킨다.
④ 이동경로에 있는 계단이나 장애물 등은 이동 전에 미리 알려준다.

정답 ③

해설

시각장애인 피난보조
평상시와 같이 지팡이를 이용하여 피난토록 한다. 피난보조자는 팔과 어깨에 살며시 기대도록 하여 안내하며 계단, 장애물 등을 미리 알려준다. 피난유도 시 '여기', '저기' 등 애매한 표현보다는 '좌측 1m, 왼쪽 2m' 등과 같이 명확하게 표현하고 여러 명의 시각장애인이 동시 대피하는 경우 서로 손을 잡고 질서 있게 피난토록 한다.

05

화재 시 전동휠체어를 사용하는 장애인의 피난을 돕는 가장 효과적인 방법은?

① 전동휠체어의 속도를 최대한 높여 스스로 계단을 내려가게 한다.
② 전원을 끈 후, 전동휠체어에서 분리하여 업거나 안아서 피난을 보조한다.
③ 일반휠체어와 동일하게 전동휠체어에 탑승한 채로 2명이 들어서 옮긴다.
④ 전동휠체어는 무거우므로 계단 대신 반드시 엘리베이터를 기다려 대피한다.

정답 ②

해설

전동휠체어 사용자 피난보조
전동휠체어에 탑승한 상태에서 계단 이동 시는 일반휠체어와 동일한 요령으로 보조할 수도 있으나 휠체어의 무게가 무거워 많은 인원과 공간이 필요하므로 전원을 끈 후 업거나 안아서 피난을 보조하는 것이 가장 효과적이다.

CHAPTER 04

업무수행 기록의 작성 · 유지

01 주요 내용 및 작성요령

1 주요 내용

① 소방안전관리자는 소방안전관리업무 수행에 관한 기록을 월 1회 이상 작성 · 관리해야 하며, 소방안전 관리업무 수행 중 보수 또는 정비가 필요한 사항을 발견한 경우에는 이를 지체 없이 관계인에게 알리고 기록해야 함

② 소방안전관리자는 업무수행에 관한 기록을 작성한 날부터 2년간 보관해야 함

2 작성요령

① 소방안전관리대상물의 소방안전관리자는 소방안전관리업무를 수행한 날을 포함하여 월 1회 이상 작성

② 당해연도 소방계획서 및 소방시설등(최초점검, 작동점검, 종합점검) 점검표에 따른 점검항목을 참고하여 작성

③ 소방안전관리대상물의 특성에 따라 기타사항에 추가항목을 작성

④ 경보설비의 수신기, 소화설비의 제어반 및 가압송수장치(펌프 등)를 중점적으로 확인하여 작성

📌 더 알아보기 **화기취급 작업절차**

화재예방조치	화재감시자 입회 및 감독
• 가연물 이동 및 보호조치	• 화재감시자 지정 및 입회
• 소화설비(소화 · 경보) 작동 확인	• 개인보호장구 착용
• 용접 · 용단장비 · 보호구 점검	• 소화기 및 비상통신장비 비치

■ 화재의 예방 및 안전관리에 관한 법률 시행규칙 [별지 제12서식]

소방안전관리자 업무수행 기록표

※ [　]에는 해당되는 곳에 ✔표를 합니다.

| ① **수행일자** | \
| 2025.10.21.(금) | | ① **수행자** | 홍소방(서명) |

② 소방안전 관리대상물	**상호**	ABCD빌딩	**등급**	[　]특급 [　]1급 [✔]2급 [　]3급
	소재지	서울특별시 영등포구 여의도로 17		
	지하층	**지상층**	**연면적(m²)**	**바닥면적(m²)** / **동수**
	1층	6층	5,628	630 / 1

③	항목	확인내용	확인결과	조치사항
	소방시설	• 소방시설 외관상 파손 여부 • 소방시설 상태표시등 이상 여부 • 수신기 및 제어반 스위치 상태 확인 • 소방시설 전원 공급 상태	[✔]양호 [　]불량	
	피난방화시설	• 피난·방화시설 파손 여부 • 피난경로상 장애물 적치 여부 • 방화문 잠금 등 행위 여부 • 도어클로저 탈락 여부	[　]양호 [✔]불량	방화문 고임목 제거
	화기취급감독	• 불꽃, 스파크 발생할 수 있는 작업 감독 • 전기, 가스, 위험물시설에 대한 점검 • 기타 화재 발생 요인에 대한 관리	[✔]양호 [　]불량	
	기타사항	• 가연물 보관장소 확인 • 흡연장 청결상태 및 소화기 외관상태 확인 • 분리수거장 관리상태 확인 • 기타 화재예방에 관한 사항	[✔]양호 [　]불량	

④ 불량사항 개선보고	보고일시	보고방법	보고받은 사람
	2025.10.21.	[✔]대면 [　]서면 [　]정보통신	홍대표
	조치방법	[　]이전 [✔]제거 [✔]수리·교체 [　]기타	

① 수행일자는 업무를 수행한 날짜, 수행자는 소방안전관리자로 작성
② 소방안전관리대상물은 건축물 일반현황에 명시된 건축물 명칭, 도로명주소, 층수, 연면적, 바닥면적, 동수를 기재하고, 소방안전관리대상물의 규모 등을 확인하여 등급에 체크표시함
③ 항목별 확인내용은 소방시설, 피난방화시설, 화기취급감독, 기타사항 란으로 구성되어 있음
④ 항목별 확인 후 불량사항 개선에 대한 보고, 조치방법 등을 작성함

① 소방안전관리자 현황표의 대상명
② 소방안전관리자의 이름
③ 소방안전관리자의 연락처
④ 소방안전관리자의 선임일자
⑤ 소방안전관리대상물의 등급
⑥ 소방안전관리자의 근무 위치(화재수신기 위치)

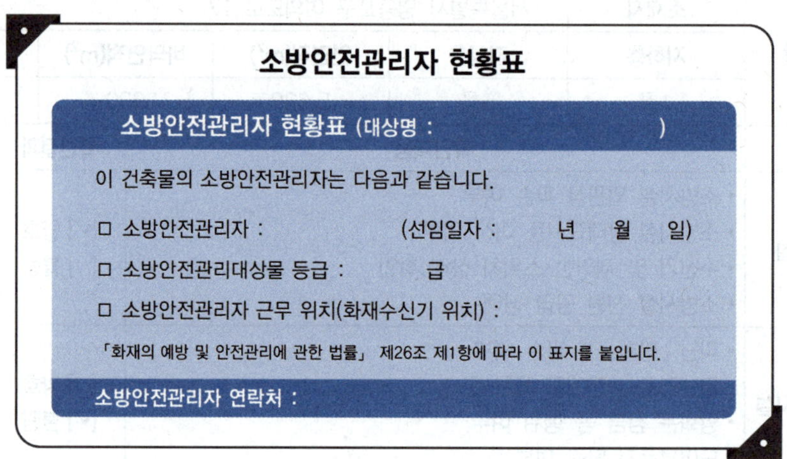

★ 단원별 핵심점검

이것만은 꼭　　업무수행 기록의 작성 · 유지 핵심요약

☑ 업무수행 기록: 월 1회 이상 작성, 2년간 보관
☑ 작성 시 수신기, 제어반, 가압송수장치(펌프)를 중점적으로 확인
☑ 소방안전관리자 현황표 기입사항: 대상명, 이름, 연락처, 선임일자, 대상물 등급, 근무위치(화재수신기 위치)

○× 빠른 체크　　업무수행 기록의 작성 · 유지 핵심점검

01　　업무수행 기록은 3년간 보관해야 한다.　　　　　　　　　　　　　　　(○ , ×)

02　　업무수행 기록은 월 1회 이상 작성해야 한다.　　　　　　　　　　　　(○ , ×)

03　　소방안전관리자 현황표에 주민등록번호를 기입해야 한다.　　　　　　　(○ , ×)

| 01 | × | 02 | ○ | 03 | × |

01

소방안전관리자의 업무수행에 관해 내용으로 기록하여 작성된 문서를 보관한다고 했을 때 보관기간으로 옳은 것은?

① 1년 ② 2년
③ 3년 ④ 10년

 정답 ②

해설

업무수행에 대한 실시기록결과는 2년간 보관한다.

02

소방안전관리자 현황표에 기입하지 않아도 되는 사항으로 알맞은 것은?

① 관계인의 인적사항 ② 소방안전관리자의 선임일자
③ 소방안전관리자 현황표의 대상명 ④ 소방안전관리대상물의 등급

정답 ①

해설

소방안전관리자 현황표 기입사항
• 소방안전관리자 현황표의 대상명
• 소방안전관리자의 이름
• 소방안전관리자의 연락처
• 소방안전관리자의 선임일자
• 소방안전관리대상물의 등급
• 소방안전관리자의 근무 위치(화재수신기 위치)

03

소방안전관리 업무수행 기록표의 일반사항 작성방법으로 옳은 것은?

① 수행일자는 기록표를 최종 제출하는 날짜를 작성한다.
② 수행자 란에는 해당 건축물의 소유주(관계인) 성명을 작성한다.
③ 수행일자는 실제로 해당 업무를 수행한 날짜를 작성한다.
④ 수행자 란에는 점검에 참여한 외부 용역업체 명칭을 작성한다.

정답 ③

해설

업무수행 기록표 작성방법
• 수행일자는 업무를 수행한 날짜, 수행자는 소방안전관리자로 작성한다.
• 항목별 확인내용은 소방시설, 피난방화시설, 화기취급감독, 기타사항 란으로 구성되어 있다.

합격까지 **박문각**

07

응급처치

CHAPTER 01 응급처치 개요

01 응급처치의 중요성 및 일반원칙

1 응급처치의 중요성

① 긴급한 환자의 생명 유지
② 환자의 고통 경감
③ 위급한 부상부위의 응급처치로 치료기간 단축
④ 현장처치의 원활화로 의료비 절감

2 응급처치의 일반원칙

① 긴박한 상황에서도 구조자는 자신의 안전을 최우선으로 함
② 응급처치 시 사전에 보호자 또는 당사자의 이해와 동의를 얻어 실시하는 것을 원칙으로 함
③ 당황하거나 흥분하지 말고 침착하게 사고의 정도와 환자의 모든 상태를 확인
④ 응급처치와 동시에 119구조·구급대, 경찰, 병원 등에 응급구조를 요청
⑤ 환자상태를 관찰하며 모든 손상을 발견하여 처치하되 불확실한 처치는 하지 않음
⑥ 119구급차 이용에 따른 비용징수 문제
  • 119구급차 이용 시 전국 어느 곳에서나 이송거리, 환자 수 등과 관계없이 어떠한 경우에도 무료
  • 보건복지부의 인가를 받아 운영하는 중앙응급환자이송단 등 사설단체 또는 병원에서 운영하고 있는 앰뷸런스는 일정 요금 징수

02 응급처치 체계도

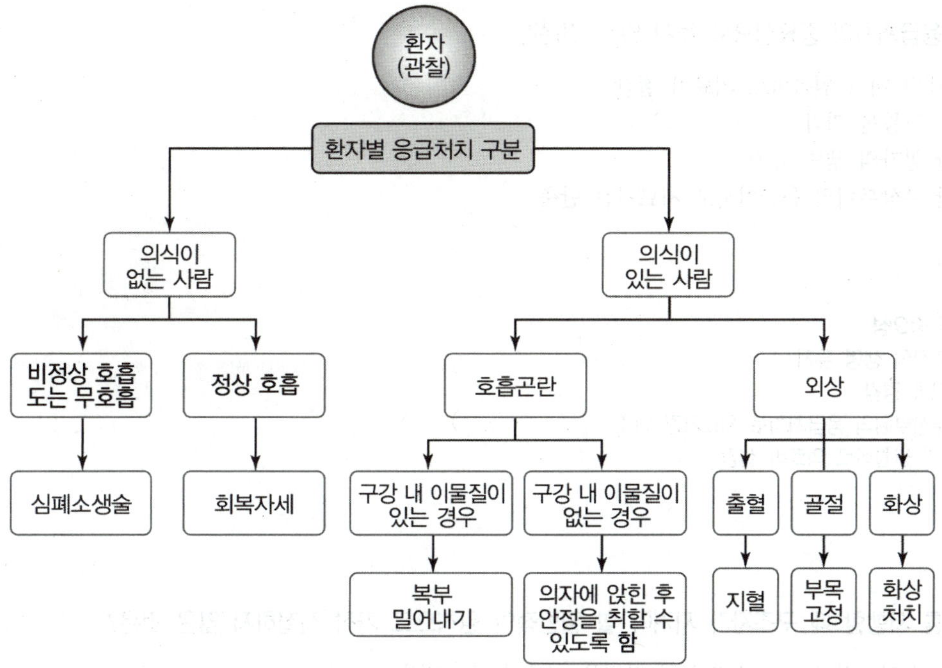

★ 단원별 핵심점검

이것만은 꼭 **응급처치 개요 핵심요약**

☑ 응급처치의 중요성: 치료기간 단축으로 의료비 절감
☑ 119 비용징수: 119구급차는 무료, 사설단체 앰뷸런스는 일정 요금 징수

○× 빠른 체크 **응급처치 개요 핵심점검**

01 응급처치 시 사전에 보호자 또는 당사자의 이해와 동의를 얻어 실시하는 것을 원칙으로 한다. (○ , ×)

02 119구급차는 항상 무료로 이용할 수 있다. (○ , ×)

| 01 | ○ | 02 | ○ |

01

다음 중 응급처치의 중요성으로 옳지 않은 것은?

① 병원 내의 처치 원활화로 의료비 절감
② 환자의 고통을 경감
③ 긴급한 환자의 생명 유지
④ 위급한 부상부위의 응급처치로 치료기간 단축

정답 ①

해설

응급처치의 중요성
- 긴급한 환자의 생명 유지
- 환자의 고통 경감
- 위급한 부상부위의 응급처치로 치료기간 단축
- 현장처치의 원활화로 의료비 절감

02

응급처치를 시행할 때 구조자가 지켜야 할 일반적인 원칙으로 가장 적절하지 않은 것은?

① 긴박한 상황이라도 구조자 자신의 안전을 최우선으로 고려해야 한다.
② 응급처치 전에는 원칙적으로 당사자나 보호자의 동의를 얻어야 한다.
③ 환자의 모든 손상을 확인하되, 방법이 불확실한 처치는 하지 말아야 한다.
④ 신속한 처치를 위해 주변에 구조요청을 하는 것보다 혼자서 처치하는 데 집중한다.

정답 ④

해설

응급처치의 일반원칙
- 긴박한 상황에서도 구조자는 자신의 안전을 최우선으로 한다.
- 응급처치 시 사전에 보호자 또는 당사자의 이해와 동의를 얻어 실시하는 것을 원칙으로 한다.
- 당황하거나 흥분하지 말고 침착하게 사고의 정도와 환자의 모든 상태를 확인한다.
- 응급처치와 동시에 119구조·구급대, 경찰, 병원 등에 응급구조를 요청한다.
- 환자상태를 관찰하며 모든 손상을 발견하여 처치하되 불확실한 처치는 하지 않는다.

03

다음의 응급처치 체계도에서 (ㄱ), (ㄴ)에 들어갈 알맞은 말을 고르시오.

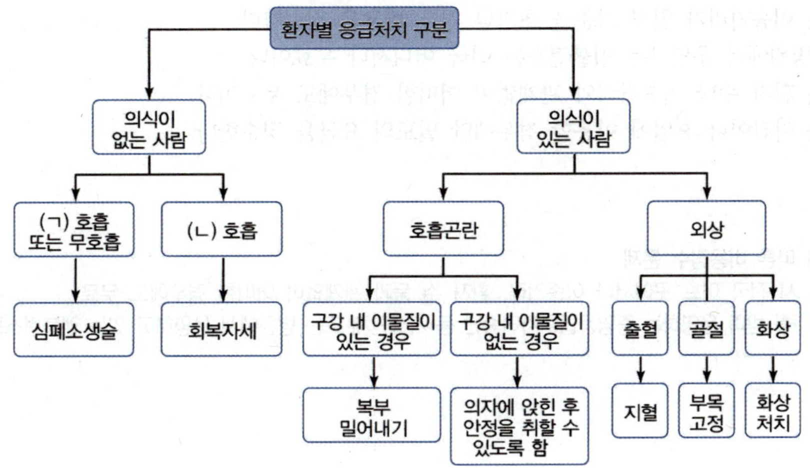

① (ㄱ): 비정상, (ㄴ): 정상　　　② (ㄱ): 정상, (ㄴ): 비정상
③ (ㄱ): 비정상, (ㄴ): 비정상　　④ (ㄱ): 정상, (ㄴ): 정상

정답 ①

해설

응급처치 체계도

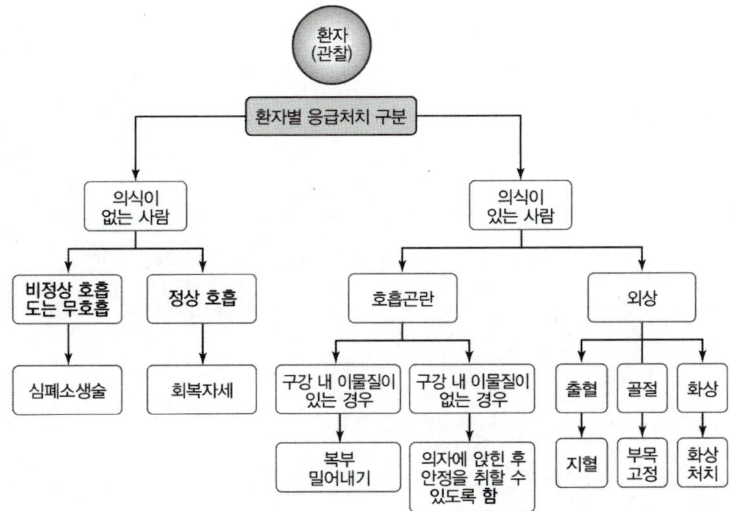

04

119구급차 및 사설구급차의 이용 비용에 대한 설명으로 옳은 것은?

① 119구급차는 이송거리가 일정 기준을 초과할 경우 비용을 징수한다.
② 사설단체나 병원에서 운영하는 앰뷸런스는 전국 어디서나 무료이다.
③ 119구급차는 환자 수나 이송거리와 관계없이 어떠한 경우에도 무료이다.
④ 119구급차는 야간이나 휴일에 이용할 경우에만 별도의 요금을 징수한다.

 ③

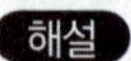

119구급차 이용에 따른 비용징수 문제
• 119구급차 이용 시 전국 어느 곳에서나 이송거리, 환자 수 등과 관계없이 어떠한 경우에도 무료
• 보건복지부의 인가를 받아 운영하는 중앙응급환자이송단 등 사설단체 또는 병원에서 운영하고 있는 앰뷸런스는 일정 요금 징수

CHAPTER 02

응급처치 요령

01 응급처치 요령

1 기도 확보

① 환자의 입 내에 이물질이 있을 경우 기침을 유도
② 환자가 기침을 할 수 없는 경우 복부 밀어내기(하임리히법)를 실시
③ 환자의 입 내에 눈에 보이는 이물질이라 하여 함부로 제거하려 해서는 안 됨
④ 이물질이 제거된 후 머리를 뒤로 젖히고, 턱을 위로 들어 올려 기도가 개방되도록 함

2 상처 보호

① 심한 상처로 출혈된 손상부위에 소독거즈로 응급처치하고 붕대로 드레싱함
② 1차 사용한 거즈로 상처를 닦는 것은 금하고 청결하게 소독된 거즈 등을 사용해야 함

02 출혈 ★★

1 출혈의 증상

① 호흡과 맥박이 빠르고 약하고 불규칙하며, 체온이 떨어지고 호흡곤란도 나타남
② 반사작용이 둔해짐
③ 탈수현상이 나타나며 갈증을 호소함
④ 동공이 확대되고 두려움이나 불안을 호소함
⑤ 혈압이 점차 저하되며, 피부가 창백해지고 차고 축축해짐
⑥ 구토가 발생함

2 출혈 시 응급처치

직접압박법	• 출혈 상처부위를 직접 압박하는 방법 • 소독거즈로 출혈부위를 덮은 후 4 ~ 6인치 압박붕대로 출혈부위가 압박되게 감아줌 • 압박 후 출혈이 계속되면 소독된 거즈를 추가로 덮고 압박붕대를 한 번 더 감고 출혈부위를 심장보다 높여 줌으로써 출혈량을 감소시킬 수 있음
지혈대 사용법	• 절단과 같은 심한 출혈이 있을 때나 지혈법으로도 출혈을 막지 못할 경우 최후의 수단으로 사용하는 방법 • 5cm 이상의 띠를 사용

1 화상의 분류

표피화상 (1도 화상)	• 피부 바깥층의 화상을 말함 • 약간의 부종과 홍반이 나타나고 부어오르면서 통증을 느끼나 치료 시 흉터 없이 치료됨
부분층화상 (2도 화상)	• 피부의 두 번째 층까지 화상으로 손상되어 심한 통증과 발적, 수포가 발생하므로 표피가 얼룩덜룩하게 됨 • 진피의 모세혈관이 손상되며 물집이 터져 진물이 나고 감염의 위험이 있음
전층화상 (3도 화상)	• 피부 전층이 손상되며 피하지방과 근육층까지 손상된 상태 • 피부는 가죽처럼 매끈하고 회색이나 검은색이 되기도 함 • 피부에 체액이 통하지 않아 화상부위는 건조하며 통증이 없음

2 화상의 응급처치

① 화상환자 이동 전 조치
- 화상환자가 착용한 옷가지가 피부조직에 붙어 있을 때는 옷을 잘라내지 말고 수건 등으로 닦거나 접촉되는 일이 없도록 함
- 통증 호소 또는 피부의 변화에 동요되어 간장, 된장, 식용기름을 바르는 일이 없도록 하여야 함
- 1도, 2도 화상은 화상부위를 흐르는 물에 식혀주며, 이때 물의 온도는 실온, 수압은 약하게 하여 화상부위보다 위에서 아래로 흘러내리도록 함
- 3도 화상은 물에 적신 천을 대어 열기가 심부로 전달되는 것을 막아주고 통증을 줄여 줌
- 화상 부분의 오염 우려 시에는 소독거즈가 있을 경우 화상부위를 덮어주면 좋으나, 골절환자일 경우 무리하게 압박하여 드레싱하는 것은 금함
- 화상환자가 부분층화상일 경우 수포(물집)상태의 감염 우려가 있으므로 터트리지 말아야 함

② 이송
응급처치 후 환자의 화상부위가 상부로 오도록 조치하고 구급차에 들것 등으로 승차 시 화상부위가 손상되지 아니하도록 각별히 유의하여야 함

1 성인심폐소생술

① 심장정지 발생 후 4 ~ 5분이 지나면 저산소성 뇌 손상이 시작되므로 구급대원이 현장에 도착하기 전에 심장정지를 목격한 일반인이 신속하게 심폐소생술을 실시하는 것이 예후에 매우 중요함
② **기본순서:** 가슴압박 → 기도유지 → 인공호흡

2 심폐소생술 시행방법 ★★

일반인 심폐소생술 시행방법	자동심장충격기(AED) 사용방법
반응의 확인	전원켜기
↓	↓
119신고	두 개의 패드부착 (패드1: 오른쪽 빗장뼈 아래 패드2: 왼쪽 젖꼭지 아래의 중간겨드랑선)
↓	↓
호흡확인	심장리듬분석
↓	↓
가슴압박 30회 시행 (성인의 경우 분당 100 ~ 120회)	심장충격(제세동) 시행
↓	↓
인공호흡 2회 시행	즉시 심폐소생술 다시 시행
↓	
가슴압박과 인공호흡의 반복	
↓	
회복자세	

✏ **더 알아보기**   **심폐소생술 실시 시 올바른 가슴압박 속도와 깊이**

• 압박 속도: 100 ~ 120회/분
• 압박 깊이: 5cm

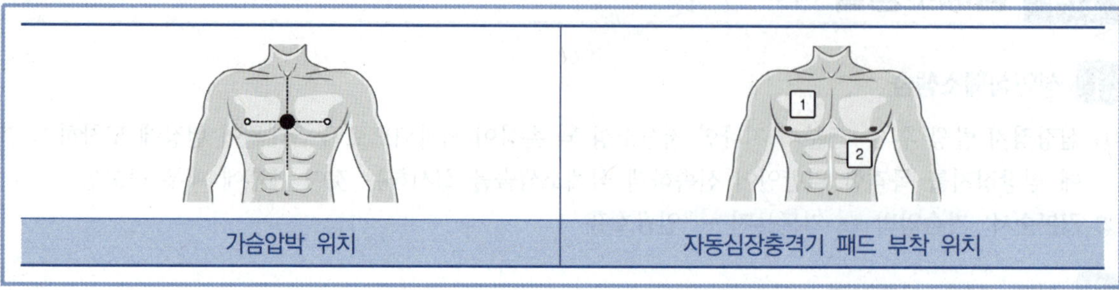

★ 단원별 핵심점검

이것만은 꼭 **응급처치 요령 핵심요약**

- ☑ 화상분류: 1도(표피/홍반/통증 ○), 2도(진피/물집/감염위험), 3도(전층/검은색/통증 ×)
- ☑ 출혈의 증상: 맥박 빠름, 동공 확대, 구토 발생, 갈증 호소, 반사작용 둔함
- ☑ 심폐소생술: 가슴압박 100 ~ 120회/분, 깊이 5cm, 압박 : 인공호흡 = 30 : 2
- ☑ AED 패드: ① 오른쪽 빗장뼈 아래 ② 왼쪽 젖꼭지 아래 중간겨드랑선
- ☑ 기도 확보(기도 유지): 입 내에 이물질이 있을 경우 기침 유도 및 함부로 제거 ×

○× 빠른 체크 **응급처치 요령 핵심점검**

01 3도 화상은 극심한 통증이 특징이다. (○ , ×)

02 심폐소생술 시 가슴압박 속도는 100 ~ 120회/분이다. (○ , ×)

03 심폐소생술의 가슴압박 깊이는 10cm이다. (○ , ×)

04 AED 패드 1은 오른쪽 빗장뼈 아래에 부착한다. (○ , ×)

05 2도 화상은 물집이 터져 감염위험이 있다. (○ , ×)

06 기도 확보를 위해 환자의 머리를 앞으로 숙인다. (○ , ×)

01	×	02	○	03	×	04	○	05	○	06	×

02 단원별 출제예상문제

01

응급처치 시에는 기도 확보(기도 유지)가 중요하다. 다음 중 환자의 입(구강) 내에 이물질이 있을 경우 응급처치 방법으로 알맞지 않은 것은?

① 이물질이 제거된 후 머리를 뒤로 젖히고, 턱을 위로 들어 올려 기도가 개방되도록 한다.
② 이물질이 빠져나올 수 있도록 기침을 유도한다.
③ 만약 기침을 할 수 없는 경우라면 복부 밀어내기를 실시한다.
④ 눈에 보이는 이물질은 손을 넣어 제거한다.

정답 ④

해설

응급처치 요령(기도 확보)
• 환자의 입 내에 이물질이 있을 경우 기침을 유도한다.
• 환자가 기침을 할 수 없는 경우 복부 밀어내기(하임리히법)를 실시한다.
• 환자의 입 내에 눈에 보이는 이물질이라 하여 함부로 제거하려 해서는 안 된다.
• 이물질이 제거된 후 머리를 뒤로 젖히고, 턱을 위로 들어 올려 기도가 개방되도록 한다.

02

출혈의 증상으로 옳지 않은 것은?

① 구토가 발생한다.
② 체온이 떨어지고 호흡곤란도 나타난다.
③ 호흡과 맥박이 느리고 약하고 불규칙하다.
④ 탈수현상이 나타나며 갈증이 심해진다.

정답 ③

해설

출혈의 증상
• 호흡과 맥박이 빠르고 약하고 불규칙하며, 체온이 떨어지고 호흡곤란도 나타난다.
• 반사작용이 둔해진다.
• 탈수현상이 나타나며 갈증을 호소한다.
• 동공이 확대되고 두려움이나 불안을 호소한다.
• 혈압이 점차 저하되며, 피부가 창백해지고 차고 축축해진다.
• 구토가 발생한다.

03

화상환자의 이동 전 조치사항으로 옳지 않은 것은?

① 화상 부분의 오염 우려 시에는 소독거즈가 있을 경우 화상부위를 덮어주면 좋다.
② 3도 화상은 물에 적신 천을 대어 열기가 심부로 전달되는 것을 막아주고 통증을 줄여 준다.
③ 통증 호소 또는 피부의 변화에 동요되어 간장, 된장, 식용기름을 바르는 일이 없도록 하여야 한다.
④ 화상환자가 착용한 옷가지가 피부조직에 붙어 있을 때에는 옷가지를 잘라내야 한다.

 **정답** ④

해설

화상환자 이동 전 조치사항
- 화상환자가 착용한 옷가지가 피부조직에 붙어 있을 때는 옷을 잘라내지 말고 수건 등으로 닦거나 접촉되는 일이 없도록 한다.
- 통증 호소 또는 피부의 변화에 동요되어 간장, 된장, 식용기름을 바르는 일이 없도록 하여야 한다.
- 1도, 2도 화상은 화상부위를 흐르는 물에 식혀주며, 이때 물의 온도는 실온, 수압은 약하게 하여 화상부위보다 위에서 아래로 흘러내리도록 한다.
- 3도 화상은 물에 적신 천을 대어 열기가 심부로 전달되는 것을 막아주고 통증을 줄여 준다.
- 화상 부분의 오염 우려 시에는 소독거즈가 있을 경우 화상부위를 덮어주면 좋다. 그러나 골절환자일 경우 무리하게 압박하여 드레싱하는 것은 금한다.
- 화상환자가 부분층화상일 경우 수포(물집)상태의 감염 우려가 있으므로 터트리지 말아야 한다.

04

화재로 인하여 진피층의 모세혈관이 손상되며 물집이 터져 진물이 나고 감염의 위험이 높은 화상은?

① 1도 화상
② 2도 화상
③ 3도 화상
④ 4도 화상

 **정답** ②

해설

화상의 분류

표피화상(1도 화상)	• 피부 바깥층의 화상을 말함 • 약간의 부종과 홍반이 나타나고 부어오르면서 통증을 느끼나 치료 시 흉터 없이 치료됨
부분층화상(2도 화상)	• 피부의 두 번째 층까지 화상으로 손상되어 심한 통증과 발적, 수포가 발생하므로 표피가 얼룩덜룩하게 됨 • 진피의 모세혈관이 손상되며 물집이 터져 진물이 나고 감염의 위험이 있음
전층화상(3도 화상)	• 피부 전층이 손상되며 피하지방과 근육층까지 손상된 상태 • 피부는 가죽처럼 매끈하고 회색이나 검은색이 되기도 함 • 피부에 체액이 통하지 않아 화상부위는 건조하며 통증이 없음

05

심폐소생술 실시 시 올바른 가슴압박 속도와 깊이는?

① 압박 속도: 40 ~ 60회/분, 압박 깊이: 1cm
② 압박 속도: 40 ~ 60회/분, 압박 깊이: 5cm
③ 압박 속도: 100 ~ 120회/분, 압박 깊이: 1cm
④ 압박 속도: 100 ~ 120회/분, 압박 깊이: 5cm

 **정답** ④

해설

심폐소생술 실시 시 가슴압박 속도와 깊이
• 압박 속도: 100 ~ 120회/분
• 압박 깊이: 5cm

06

심정지 환자 발생 시 권고되는 심폐소생술(CPR)의 표준순서로 옳은 것은?

① 기도유지 → 인공호흡 → 가슴압박
② 가슴압박 → 기도유지 → 인공호흡
③ 인공호흡 → 가슴압박 → 기도유지
④ 기도유지 → 가슴압박 → 인공호흡

정답 ②

해설

심폐소생술의 기본순서: 가슴압박 → 기도유지 → 인공호흡

07

다음에서 설명하는 지혈법은 무엇인가?

> 출혈 상처부위를 직접 압박하는 방법으로 소독거즈로 출혈부위를 덮은 후 4 ~ 6인치 압박붕대로 압박되게 감아준다. 압박 후 출혈이 계속되면 소독된 거즈를 추가로 덮고 압박붕대를 한 번 더 감고 출혈부위를 심장보다 높여줌으로써 출혈량을 감소시킬 수 있다.

① 직접압박법
② 간접압박법
③ 지혈대 사용법
④ 간헐적 압박법

 **정답** ①

해설

직접압박법
• 출혈 상처부위를 직접 압박하는 방법이다.
• 소독거즈로 출혈부위를 덮은 후 4 ~ 6인치 압박붕대로 출혈부위가 압박되게 감아준다.
• 압박 후 출혈이 계속되면 소독된 거즈를 추가로 덮고 압박붕대를 한 번 더 감고 출혈부위를 심장보다 높여 줌으로써 출혈량을 감소시킬 수 있다.

다음 그림에서 자동심장충격기(AED) 사용 시 패드의 부착 위치로 옳게 짝지어진 것은?

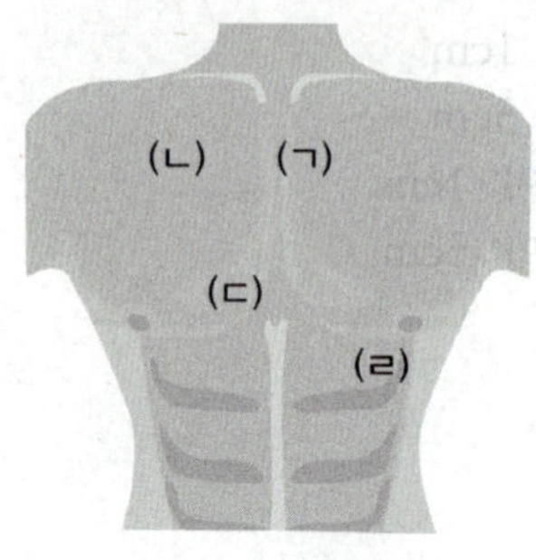

① (ㄱ), (ㄴ)

② (ㄴ), (ㄷ)

③ (ㄴ), (ㄹ)

④ (ㄷ), (ㄹ)

정답 ③

해설

자동심장충격기(AED) 사용 시 패드의 부착 위치

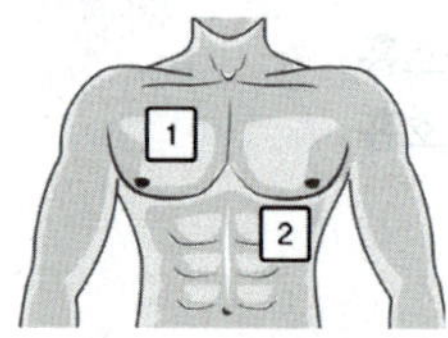

- 패드 1: 오른쪽 빗장뼈 아래
- 패드 2: 왼쪽 젖꼭지 아래의 중간겨드랑선

08

소방안전교육 및 훈련

CHAPTER 01

소방안전교육 및 훈련

01 소방교육 및 훈련의 개념과 실시원칙

1 개념

화재를 비롯한 사고와 재난으로부터 인간의 안전을 지키기 위해 안전의식을 고취하고, 이를 실천하여 위험에 적절히 대응할 수 있는 행동능력을 기르기 위해 의도적이고 계획적으로 실시하는 교육

2 실시원칙

학습자 중심의 원칙	• 한 번에 한 가지씩 습득 가능한 분량을 교육 및 훈련시킴 • 쉬운 것에서 어려운 것으로 교육을 실시하되 기능적 이해에 비중을 둠 • 학습자에게 감동이 있는 교육이 되어야 함
동기부여의 원칙	• 교육의 중요성을 전달해야 함 • 학습을 위해 적절한 스케줄을 적절히 배정해야 함 • 교육은 시기적절하게 이루어져야 함 • 핵심사항에 교육의 포커스를 맞추어야 함 • 학습에 대한 보상을 제공해야 함 • 교육에 재미를 부여해야 함 • 교육에 있어 다양성을 활용해야 함 • 사회적 상호작용을 제공해야 함 • 전문성을 공유해야 함 • 초기성공에 대해 격려해야 함
목적의 원칙	• 어떠한 기술을 어느 정도까지 익혀야 하는가를 명확히 제시 • 습득하여야 할 기술이 활동 전체에서 어느 위치에 있는가를 인식하도록 함
현실의 원칙	학습자의 능력을 고려하지 않은 훈련은 비현실적이고 불완전함
실습의 원칙	• 실습을 통해 지식을 습득 • 목적을 생각하고, 적절한 방법으로 정확하게 하도록 함
경험의 원칙	경험을 했던 사례를 들어 현실감 있게 하도록 함
관련성의 원칙	모든 교육 및 훈련내용은 실무적인 접목과 현장성이 있어야 함

소방교육 및 훈련계획의 필요성	각 소방대상물의 특성을 잘 파악하여 일정, 내용, 방법, 각종 교육훈련기자재 등을 미리 결정하여, 교육 및 훈련계획을 수립한다면 교육참여자의 적극적인 참여를 이끌어낼 수 있음
소방교육 및 훈련계획의 수립	소방교육 및 훈련계획의 시기는 각 소방대상물의 사정에 따라 먼저 연간계획을 수립하고 이에 따라서 분기 또는 월별 세부계획을 수립하여 시행하는 것이 바람직함
소방교육 및 훈련계획서 작성	소방대상물의 특성에 맞는 교육 및 훈련의 방법을 모색하고, 대상물의 모든 인원들이 참여할 수 있는 교육프로그램을 개발하여 자발적으로 참여할 수 있는 계획을 수립

03   소방교육 및 훈련 결과 작성

① 자위소방대 및 초기대응체계 교육·훈련 실시결과 기록부
② 소방훈련·교육 실시결과 기록부
※ 소방안전관리대상물의 소방안전관리자는 자위소방대 및 초기대응체계 교육·훈련 실시결과를 기록부에 기록하고, 교육을 실시한 날부터 2년간 보관해야 함

★ 단원별 핵심점검

이것만은 꼭   **소방안전교육 및 훈련 핵심요약**

☑ 교육훈련 실시원칙: 학습자 중심의 원칙, 동기부여의 원칙, 목적의 원칙, 현실의 원칙, 경험의 원칙, 관련성의 원칙 등
☑ 학습자 중심의 원칙: 한 번에 한 가지씩, 쉬운 것 → 어려운 것, 감동 부여
☑ 교육훈련 결과: 기록부 작성 후 2년간 보관

○× 빠른 체크   **소방안전교육 및 훈련 핵심점검**

01   소방교육은 어려운 것부터 시작하여 쉬운 것으로 진행한다.   (○ , ×)

02   교육훈련 실시결과는 2년간 보관해야 한다.   (○ , ×)

03   '현실의 원칙'이란 학습자의 능력을 고려한 훈련을 의미한다.   (○ , ×)

04   '관련성의 원칙'이란 교육내용이 실무와 현장성이 있어야 함을 의미한다.   (○ , ×)

01	×	02	○	03	○	04	○

단원별 출제예상문제

01

소방교육 및 훈련의 원칙으로 알맞은 것은?

① 실습의 원칙
② 국가자격 취득의 목적
③ 화재예방의 원칙
④ 사고예방의 원칙

정답 ①

해설

소방교육의 실시원칙
• 학습자 중심의 원칙
• 동기부여의 원칙
• 목적의 원칙
• 현실의 원칙
• 실습의 원칙
• 경험의 원칙
• 관련성의 원칙

02

소방교육 시 학습자 중심의 원칙에 대한 설명으로 가장 적절하지 않은 것은?

① 한 번에 많은 내용을 전달하여 교육시간을 단축하는 것이 효율적이다.
② 학습자가 한 번에 습득 가능한 분량을 나누어 교육 및 훈련시킨다.
③ 쉬운 내용부터 시작하여 점차 어려운 내용으로 진행한다.
④ 단순한 지식 전달을 넘어 학습자에게 감동이 있는 교육이 되도록 노력한다.

정답 ①

해설

소방교육의 실시원칙

학습자 중심의 원칙	• 한 번에 한 가지씩 습득 가능한 분량을 교육 및 훈련시킴 • 쉬운 것에서 어려운 것으로 교육을 실시하되 기능적 이해에 비중을 둠 • 학습자에게 감동이 있는 교육이 되어야 함

03

소방안전관리자가 자위소방대 및 초기대응체계의 교육·훈련을 실시한 후, 그 결과를 기록하고 보관해야 하는 기간으로 옳은 것은?

① 1년
② 2년
③ 3년
④ 5년

정답 ②

해설

소방안전관리대상물의 소방안전관리자는 자위소방 및 초기대응체계 교육·훈련 실시결과를 기록부에 기록하고, 교육을 실시한 날부터 2년간 보관해야 한다.

09

자체점검 서식 작성 실습

CHAPTER 01 작동점검표 작성

CHAPTER 01

작동점검표 작성

01 점검 전 준비사항 및 현황확인

1 점검 전 준비사항 및 현황확인

점검 전 준비사항	현황확인
• 협의나 협조받을 건물 관계인 등 연락처를 사전 확보 • 점검의 목적과 필요성에 대하여 건물 관계인에게 사전 안내 • 음향장치 및 각 실별 방문점검을 미리 공지	• 건축물대장을 이용하여 건물개요 확인 • 도면 등을 이용하여 설비의 개요 및 설치위치 등을 파악 • 점검사항을 토대로 점검순서를 계획하고 점검장비 및 공구를 준비 • 기존의 점검자료 및 조치결과가 있다면 점검 전 참고 • 점검과 관련된 각종 법규 및 기준을 준비하고 숙지

2 작동점검표 작성을 위한 준비물

① 소방시설등 자체점검 실시결과 보고서
② 소방시설등[작동, 종합(최초점검, 그 밖의 점검)] 점검표
③ 건축물대장
④ 소방도면 및 소방시설 현황
⑤ 소방계획서 등

02 소화기구 및 자동소화장치 작동점검표 점검항목

① 소화기의 변형·손상 또는 부식 등 외관의 이상 여부
② 지시압력계(녹색범위)의 적정 여부
③ 수동식 분말소화기 내용연수(10년) 적정 여부

03 자체점검 실시결과 보고서 구성

소방시설등 자체점검 실시결과 보고서	특정소방대상물, 점검기간, 점검자, 점검인력 등을 기재
특정소방대상물 정보	• 소방안전정보(소방안전관리등급, 자체점검 및 교육훈련 등 실시 여부) • 건축물정보(건축허가일, 사용승인일, 연면적, 건축물 구조 등)
소방시설등의 현황	• 소방시설등의 점검결과 • 안전시설등 점검결과(다중이용업소) • 소방시설등의 세부현황 • 소방시설등 불량세부사항

※ 소방본부장 또는 소방서장에게 자체점검 실시결과 보고서를 보고한 관계인은 그 점검결과를 점검이 끝난 날부터
  2년간 자체 보관해야 함

★ 단원별 핵심점검

이것만은 꼭 ┃ 작동점검표 작성 핵심요약

☑ 점검 전 준비: 건축물대장 확인, 도면으로 설비 파악, 관계인 연락처 확보 등
☑ 준비물: 자체점검 실시결과 보고서, 점검표, 건축물대장, 소방도면, 소방계획서 등
☑ 소화기 점검항목: 외관 이상 여부, 지시압력계(녹색범위), 내용연수(10년)
☑ 점검결과 보관: 2년간 자체 보관

○× 빠른 체크 ┃ 작동점검표 작성 핵심점검

01 작동점검표 작성을 위한 준비물에는 건축물대장이 포함된다. (○ , ×)

02 분말소화기의 내용연수는 15년이다. (○ , ×)

03 자체점검결과는 점검이 끝난 날부터 2년간 보관해야 한다. (○ , ×)

04 자체점검 보고서 구성 시 소방시설등의 현황이 필요하다. (○ , ×)

01	○	02	×	03	○	04	○

PART 09

단원별 출제예상문제

01

소방시설의 작동점검 전 준비 및 현황확인 사항으로 가장 적절하지 않은 것은?

① 점검의 목적과 필요성을 건물 관계인에게 사전 안내하고, 협조를 구할 연락처를 미리 확보한다.
② 건축물대장을 확인하여 건물의 규모, 구조 등 일반적인 건물 개요를 파악한다.
③ 효율적인 점검을 위해 점검 당일 현장에서 즉석으로 점검순서를 계획하고 장비를 선택한다.
④ 소방도면을 활용하여 주요 설비의 종류, 설치 위치 및 계통 등을 미리 파악한다.

 정답 ③

해설

점검사항을 토대로 점검순서를 계획하고 점검장비 및 공구를 준비한다.

02

다음 중 소방시설의 작동점검표 작성을 위해 준비해야 할 사항으로 가장 거리가 먼 것은?

① 소방시설등 자체점검 실시결과 보고서
② 건축물대장 및 소방도면
③ 소방시설 현황 및 소방계획서
④ 소방안전관리자 선임신고서

 정답 ④

해설

작동점검표 작성을 위한 준비물
• 소방시설등 자체점검 실시결과 보고서
• 소방시설등[작동, 종합(최초점검, 그 밖의 점검)] 점검표
• 건축물대장
• 소방도면 및 소방시설 현황
• 소방계획서 등

성공의 커다란 비결은
결코 지치지 않는 인간으로 인생을 살아가는 것이다.
(A great secret of success is to go through life as a man who never gets used up.)

알버트 슈바이처(Albert Schweitzer)

성공은 결코 우연이 아니다. 성공은 노력, 인내, 학습, 공부, 희생,
그리고 무엇보다도 자신이 하고 있거나 배우고 있는 일에 대한 사랑이다.
(Success is no accident. It is hard work, perseverance, learning, studying, sacrifice and most of all,
love of what you are doing or learning to do.)

펠레(Pele)

박문각 자격증 시리즈

소방안전관리자 2급
핵심이론서 + 무료특강

초판인쇄	2026. 5. 15.
초판발행	2026. 5. 20.

저자와의
협의 하에
인지 생략

편 저 자	김연진
발 행 인	박용
출판총괄	김현실
개발책임	이성준
편집개발	김태희, 이보혜
마 케 팅	김치환, 최지희
일러스트	㈜ 유미지

발 행 처	㈜ 박문각출판
출판등록	등록번호 제2019-000137호
주　　소	06654 서울시 서초구 효령로 283 서경B/D 6층
전　　화	(02) 6466-7202
팩　　스	(02) 584-2927
홈페이지	www.pmgbooks.co.kr

ISBN	979-11-7649-004-7
	979-11-7649 -003-0(세트)
정가	20,000원